看完本書，重新啟動健康防護力，
拒當職場病貓，讓自己在職場更有競爭力！

解救
身體の小毛病

上班族必備的 健 康 小 百 科

還在忍痛嗎？ 你知道哪些小毛病是大疾病的警訊嗎？

本書完全針對上班族最常遭遇的小毛病困擾，包括☑頭痛 ☑感冒 ☑眼睛痠痛 ☑胃痛 ☑牙痛 ☑失眠 ☑過敏 ☑肚子痛 ☑腰痠背痛等大疼小痛，一一深入解析，快速解決你對身體小毛病的疑惑！

目錄

解救身體小毛病
上班族必備的健康小百科

發行暨推薦序
儲存身體健康的實踐方式

文／謝孟雄（董氏基金會董事長、實踐大學董事長）

《大家健康》雜誌針對上班族在健康方面，身體最常遭遇的小毛病困擾，包括頭痛、感冒、胃痛、牙痛、過敏、肚子痛、眼睛痠痛、腰痠背痛等大疼小痛問題，出版《解救身體小毛病》這本新書，為上班族整理出一本適合管理自己身體的健康小百科。

這些小毛病，都值得國人注意，因為如果對自己的健康不關心，小毛病很容易成了大麻煩。在此也分享給讀者，維持身體健康的好方法。

常有人問我，健康長壽的祕訣是什麼？其實健康長壽的道理並不難懂，只要能力行食品營養學上的「三養」觀念，就能擁有真實的健康。「三養」即是營養、保養與修養。

人從一出生下來，都離不開飲食，「吃」是人的本能，人有滿足食慾，維持飽腹的需求。可是要合乎身體健康的需求，「營養」就是重要目的，吃得太多、吃得太補，不叫營養，例如：補充過多的維他命，對身體反而造成負擔。我們在選擇食物時，必須要吃得對、吃得適量，均衡飲食才能有健康的身體。

營養是維持身體機能運轉的首要條件，可是如果只注重營養而缺少保養，仍然無法擁有健康。

　　保養就是生活作習要正常，加上適時適量的運動。運動可以增加人的免疫力，有了好的抵抗力，就比較不容易生病。運動不僅包括肢體的運動，也應包括大腦的運動。有人以為老了，就不用學習，不用去用腦，結果反而讓腦細胞更容易退化。其實活到老、學到老是必要的，有了學習更能讓自己的大腦有動起來的機會，自然就不怕老。

　　有了營養，加上保養，最後還要懂得修養。修養，其實就是心理的健康，人的一生難免會遇到不順遂的事情，遇到不順遂的時候，千萬不要想不開，甚至做出對身體有害的行為出來。有時採取達觀的人生態度，轉個彎想問題，事物就會有不同的思考結果。

　　健康的重點就在於懂得預防，營養、保養、修養就是身體儲存健康的一種實踐方式，出版《解救身體小毛病》一書，主要著重在預防的觀念，因為一分的預防，將可省掉九分的治療！

出版序
啟動活力的健康計畫

文／姚思遠（董氏基金會執行長）

　　2001 年開始，董氏基金會《大家健康》雜誌在「保健生活」系列的叢書上，陸續出版了《與糖尿病溝通》、《做個骨氣十足的女人─骨質疏鬆全防治》、《營養師的鈣念廚房》、《灌鈣健身房》、《氣喘患者的守護》、《男人的定時炸彈─前列腺》、《當更年期遇上青春期》、《用對方法，關節不痛》等健康好書。其中《男人的定時炸彈─前列腺》、《當更年期遇上青春期》更獲得 2007 年及 2009 年國民健康局「好書推介獎」的肯定。

　　我們期望透過這系列書籍的出版，協助國人瞭解各種疾病的成因，日常預防照護的知識，進而能身體力行這些保健常識。對不幸受疾病困擾的朋友，我們也特別在這系列的書中，介紹治療後應注意的事項及相關的醫療知識。

　　《解救身體小毛病》這本新書，針對上班族最常遭遇的 10 種小毛病困擾，包括頭痛、感冒、胃痛、牙痛、過敏、肚子痛、眼睛痠痛、腰痠背痛等大疼小痛，一一深入解析，是上班族可以依賴的健康祕笈。

　　「預防勝於治療」，是醫療保健的重要觀念，千萬不要等到生病時，才想要解決問題，平時透過培養吸收醫學新知、保健常

識的習慣，是上班族可以為自己預防保健的好方法之一。

　　《解救身體小毛病》適合做為上班族自我健康管理的好書，期望看完本書，能為自己啟動活力的健康計畫，揮別大疼小痛，讓自己不再輕易生病，擺脫小毛病困惱，讓自己更有活力與競爭力！

醫師審訂推薦序

沒有健康的身體
就沒有健康的事業！

文／李龍騰（臺大醫院家醫部社區照護科主任）

　　上臺大 EMBA 的時候，我常勉勵小我一把年紀的企業家：「您們是國家的棟樑，但是我想奉勸您們一句話：沒有健康的身體，就沒有健康的事業，自然也不會有美好的將來！所以，有機會要定期檢查身體，有機會要多保持健康的生活。」

　　你我都是上班族，《大家健康》雜誌出版《解救身體的小毛病》這本書，恰好為上班族整理出我們容易碰到的幾個惱人的健康問題，而且還糾正一些民眾可能會遇到的錯誤保健觀念。

　　例如：面對頭痛問題，電視廣告會鼓勵民眾傳好整箱的治痛丹，但有時只能治標不能治本，反而容易誤事！

　　治感冒的偏方也是到處都是，但是，哪些是不吃藥多休息就會好？哪些是必須要特別小心，才不至於造成要命的肺炎而不自知？

　　眼睛痠痛是用眼過度？還是青光眼發作？突然牙痛是蛀牙，還是牙髓炎引起？

　　胃痛是得了胃病，還是心臟病？肚子痛是盲腸炎，還是便祕或腸阻塞？

　　腰痠背痛是姿勢不良，還是骨關節炎？還是腎結石發作？

　　全世界有 1/3 的人有過敏體質，您是不是其中之一？要怎麼做才能避免在上班時遭受它的困擾？

　　您會睡不著嗎？為甚麼會睡不著？是遲遲不能入眠，還是才睡下去就醒過來？要怎麼樣來應付它？

　　大姨媽的困擾一籮筐，要怎麼樣和它平安相處？

　　種種您在生活可能遇到的保健問題和困擾，這本書可以給您提供參考，以免遭受到不當的「好心建議」而被陷害。

　　把《解救身體的小毛病》這本書當做朋友，並且找個您可以信任的家庭醫師來照顧您，這輩子就肯定是無憂無慮了！

醫師審訂推薦序

別讓小毛病
成了健康的沉默殺手

文／蘇千田（臺北醫學大學附設醫院家庭醫學科主任）

　　20 多年前，那時我還是實習醫師，經常要在各科實習。每回要為病人做 CPR（心肺復甦術）時，我心裡就想著：如果能夠早一點讓民眾多瞭解自己的身體狀況，或許就不會因為忽略輕微的癥狀致使病症加重。從那時起，我就把我行醫的生涯定位在「預防疾病」及「維護健康」上，因為與其等到生病不舒服，不如一開始就讓自己維持在健康的狀態，所以，我選擇了家庭醫學科，而家醫科就是在做預防醫學的工作。

　　由於現代人生活步調愈來愈快，不論藍領、白領或資產階級，如果平常不懂得保養，身體健康大多會亮起紅燈。《大家健康》雜誌出版的《解救身體小毛病》這本書中，提到的頭痛、胃痛、肚子痛、腰痠背痛、眼睛痠痛、過敏、失眠這些症狀，在每一個人身上或多或少都有相同的困擾，類似這樣的小毛病都會被聯想是工作關係造成的「職業病」，且被視為勞動階級發生機率比較高，事實上，現在很多白領上班族也有相同的困擾，上門求診的患者人數每年都在急速攀升中。

　　舉例來說，一般上班族都有肩頸痠痛的困擾，其實幾乎都屬

於軟組織的病症，用儀器找不出原因，主要與過度壓力、不當的姿勢，與缺乏運動較為相關。

因為上班族缺乏運動，造成肩、頸肌力不足，自然無法支撐骨頭的重量，當頸椎關節受到過大的壓力，就引起痠痛。同時，如果心理承受過大壓力，通常在緊張的時候，難免肩膀就會出力，當肌肉長期處於收縮狀態，失去彈性，自然引發肩頸痠痛，甚至「肌肉性頭痛」，也就是本書第一章中，提到的緊張性頭痛。

本書提到的這些小毛病，從預防醫學的角度來看，在短時間內或許不至於造成太大的病痛，但小毛病背後卻隱藏了許多病因，如果患者持續輕忽病因，在可預見的未來，伴隨而來的將可能是更大的病痛，值得民眾留意。

這些年，國人愈來愈重視自己的健康，也十分注意醫療保健知識，不過仍有許多人認為自己被迫生活，不得不犧牲健康，但其實這是一個值得思考的問題。因為，許多事情應該由自己決定，尤其健康的身體是沒有東西可以取代的，建議民眾掌控自己的生活，決定自己要如何過得更健康。

職場誠摯推薦序

健康靠自己
一本適合上班族的健康工具書！

文／李成家（美吾華懷特生技集團董事長）

「有病靠醫生，健康靠自己」，從小我喜歡運動，特別對打乒乓球很有興趣，也從運動中體會到對健康的好處。我認為，不論做什麼事，身體健康、心理平衡最重要。

十多年來，每星期我都會和太太，一起到運動教室跳有氧瑜伽體適能運動兩次；另外假日早上偶爾會到陽明山爬山，平常時間，也會在腰間掛著計步器，要求自己每天至少走 5000 步，因為要有好的體力和健康的身體，必須透過運動來維持。

健康靠自己的方法，除了實踐運動外，平時還要多吸收一些健康新知，或身體的保健常識，透過這些知識，讓自己更了解自己的身體。董氏基金會《大家健康》雜誌出版這本《解救身體小毛病》新書，針對上班族易發生的身體問題，包括頭痛、感冒、牙痛、胃痛、過敏、肚子痛、眼睛痛、腰痠背痛等看似不起眼，卻可能演變成威脅健康的嚴重疾病，一一剖析，告訴你這些小毛病發生的原因，以及解決的方法。

如果這些小毛病長久累積，一直未能改善，書裡也提供一些最新醫療的訊息，如果在就診前，了解自己的身體問題，更能在

與醫師溝通時，明瞭醫師的說明，為自己在看病的過程中，更理解治療的方法，而積極配合治療，輕鬆為自己的健康加分，找回健康的身體。

其實經營事業，和經營身體健康的道理很相近。在經營事業上，我一直重視不斷吸收財經管理新知。而經營健康也是一樣的道理，平時每天都要養成運動的習慣，並保持不斷吸收健康新知，來維持自己的健康。

這本書也像是一本身體的健康小百科，可以解決我們平常被小毛病困擾的一些疑惑，適合做為平時了解自己健康的工具書，很榮幸推薦《解救身體小毛病》這本書，給所有的上班族參考。

職場誠摯推薦序

健康最需要自我管理

文／陳煌銘（台灣區綜合營造工程工業同業公會理事長、

工信工程股份有限公司董事長）

　　是機緣、是偶然，與本書的出版機構董氏基金會結緣，恰是公司行政部敦請董氏基金會派員至公司講演紓壓教育訓練課程，爾後也應邀受訪拍攝運動紓壓宣導短片。也因此，瞭解董氏基金會不僅是傳統印象「禁菸」的宣導，更積極教導大眾健康紓壓，績效卓著。本著對董氏基金會的感謝與感動，為《大家健康》雜誌出版的《解救身體小毛病》一書撰序推薦，也表示對大眾健康管理略盡微薄的心意。

　　翻閱本書，居然第一章就是「頭痛」有關的議題，個人在十幾年前，曾遭遇長達八年多的偏頭痛毛病，每個月會定時發作，造成生活上很大的困擾，雖打個針吃個藥就解除，但就是不能根除。不論電腦斷層、腦波檢查就是查不出病因。醫生只說是微血管毛病，很難診斷出病因。偶然機會，發現流汗運動後，偏頭痛竟然不藥而癒，顯然當時的打針吃藥並非對症良方。

　　其實，早期從美國學後歸來，也都定時至健身中心運動，但都是為健美的重量訓練。偶然機會上跑步機慢跑，每次半個鐘頭的慢跑，全身汗流浹背，隔月預期的偏頭痛居然不再發生，爾後

也不再復發，因此體認流汗運動的確能增進身心健康，迄今仍保持定時流汗運動（尤其是不傷膝蓋的健走及飛輪課），不但有益身心健康，也可減輕極度的職場工作壓力。由於早年對身體病痛知識的缺乏與疏忽，因此長期受到頭痛困擾，若此書能早些出版及有幸閱讀，八年多的頭痛困擾也許就可提早解除。

本書第一章介紹舒緩「頭痛」的方法外，共列舉十項大眾日常生活常遇見的毛病，對各項毛病的原因、影響、預防、治療，除了有實際深入的訪談資訊、專業中西醫師的詳細解答，更有方便簡單、易行的撇步。本書章節安排、文字敘說更是生動活潑易讀，是一本應隨身攜帶備用「自我健康管理」的好書。

有病看醫是想當然爾，但大多數病痛是可預防，也無須動輒訪醫看病。閱讀本書，能讓大眾對書中所列舉的病痛深入瞭解，也能在訪醫之前據以自我預防、自我診判、自我改善。希望經由「解救身體小毛病」這本書的閱讀，能讓讀者在未來健康自我管理的路上，遠離病痛、永保健康、生涯順遂。

前言

 # 想不生病，先搞定小毛病！

　　工作時，你總是全身痠痛、無精打采、疲累相伴嗎？根據內政部建築研究所調查，全臺灣有 82％的上班族在辦公室經常感到頭痛、疲倦甚至噁心，12％的上班族甚至天天出現身體不適的症狀，包括打噴嚏、喉嚨乾燥、眼睛鼻子過敏、頭痛、昏昏欲睡、容易疲倦、咳嗽、氣喘、皮膚發癢、情緒起伏大等。

　　臺北醫學大學附設醫院家醫科主治醫師林神佑表示，近年國內上班族逐漸陷入「窮忙族」的窘境，工時拉長、收入減少、物價上漲、休假變少，根本不敢奢言換工作或拒絕加班，有時連休假也被迫到班，因此「過勞」的情況十分普遍。

現代人窮忙，忙出病
鐵打身體用久會罷工

　　就算是鐵打的身體，用久了也會金屬疲勞，何況人是血肉之軀。專長為職業病、中醫學的林神佑醫師認為，長期在工作中超時勞心勞力，除了會腰痠背痛、頭脹眼花，也易有氣無力、疲憊倦怠、注意力不集中。

　　若必須一邊工作一邊猛吞止痛藥勉強支撐，生活品質可說是

瀕於崩潰邊緣，對身心都是無形的負擔。

為了幫助上班族不再過勞，更有競爭力！本書針對容易造成上班族請病假的惱人小毛病，包括頭痛、感冒、胃痛、牙痛、失眠、過敏、肚子痛、眼睛痠痛、腰痠背痛等，一一剖析背後的原因，提醒讀者，不要輕忽小毛病，因為它可能是大疾病的警訊！

書中每一篇章都有詳細且簡明的問答，快速解決你的疑惑，本書就像是一本上班族可以依賴的身體健康小百科。最後一篇我們也特別呵護女性上班族，請中西醫教導如何處理惱人的經痛困擾，寶貝自己的身體。

看完本書，啟動自己的活力健康計畫，揮別大疼小痛，讓自己不再輕易生病，讓自己在職場上更有競爭力！

上班族久坐少動
當心坐進手術室

國人平均一周工作 5 天，每天 8 小時，扣除國定假日及特休假，每位上班族每年待在辦公室內的時間將近 2000 小時，約占一整年個人時間的 1/4，比待在家裡的時間還長，如果辦公環境充滿壓力、空氣汙濁，上班常接觸到汙染物質的機率相對提高，那麼痠痛不適的情況也就不足為奇了。

臨床上常見很多上班族又忙又累，老是頭痛欲裂、昏昏欲睡，或呼吸及皮膚起過敏反應，感冒斷斷續續好不了。這些症狀都顯示身體的防禦能力早已出狀況，形成所謂「癌前體質」。

　　若再對身體的呼救置之不理，最後不是生理上的不適，嚴重可能器官衰竭或細胞產生病變，抑或產生憂鬱症、焦慮症、躁鬱症等情緒上的問題。

　　就算情況沒那麼嚴重，林神佑醫師提醒，上班族使用電腦時間過久、休閒時又忙著低頭玩手機，加上坐姿不正確，很少起來走動，常使肩頸肌肉缺氧，累積許多乳酸，形成慢性發炎，導致紅腫脹痛痠麻，如果情況再不改善，變成慢性肩頸痠痛，很可能形成不可逆的組織纖維化，到時候可能肌肉變硬鈣化，必須走上手術一途。

　　因此工作之餘，抽空休息格外重要。休假時盡量避免久坐看電視、玩手機或打電腦，盡可能從事戶外活動，讓自己的筋骨放鬆，也可呼吸新鮮空氣，讓自己恢復體力！

八成民眾受痠痛所苦
卻都隱忍不就醫

　　最近國內一家藥廠所做的「國人痠痛認知調查」顯示，超過八成民眾有持續一至兩周的經常性痠痛問題，更有半數表示，幾乎每周都會痛，不過，卻有84％的人不了解自己真正痠痛的原因，經醫師確診的受訪民眾中，66.5％的痠痛是長期姿勢不良造成。

　　調查指出，有42％的民眾每天維持同一個姿勢達 3 小時以上，其中以辦公室的上班族 3.77 小時最高。但國人的痠痛耐受

度卻相當高，有六成表示「痠痛對自己的生活影響不大」，66％認為「痠痛只是一件小事，不足掛齒」，因此就醫的情況並不普遍。

　　臺北市立萬芳醫院最近也調查發現，一般辦公室內勤人員的脊椎檢查中，在電腦前工作時間愈長，脊椎側彎的情形愈嚴重。打電腦超過4小時者有81.6％不正常，少於4小時者有58.3％不正常，完全不打電腦者僅25％不正常。

　　此外，以往認為長時間打電腦造成脖子、手臂痠痛僅是肌肉痠痛的問題，但經脊椎檢查發現，長時間打電腦者的脊椎病變集中在上段胸椎及肩胛骨，其次以骨盆和下腰椎為主，當脊椎發生病變時，就易產生手無力、肩膀僵硬、手臂內側痠痛、胸悶、脖子痛、肋間神經痛、腰痛、無法久站久坐、膝痛、容易腳麻等現象；且長時間打電腦使肌肉僵硬，加上打電腦時斜著身體或兩手懸空等姿勢不當，久了脊椎易受牽引，導致脫位、側彎發生。

業績壓力引爆腸胃不適
百萬人有腸躁症問題

　　除了身體痠痛，新北市聯合醫院內科部醫師楊仕山表示，上班族因業績壓力或力求表現，長期神經緊繃、飲食及作息不正常，常因此腸躁腹痛、噁心脹氣、胃酸過多，不是常跑廁所就是便祕擾人，往往坐立難安、精神無法集中，工作效率大打折扣，十分痛苦。

　　楊仕山醫師說，起因於壓力和情緒的腸躁症，最後雖然未必會轉成腸胃癌，但換算腸躁症的人口比例為 10 ～ 20％，大概有幾百萬國人受此症困擾。病患以 20 ～ 30 歲的年輕人居多，女性又比男性的人數多，比例約為 2 比 1。

　　人體的消化道比想像中「聰明」，事實上，腸胃自律神經能「自行思考」，感覺也很靈敏，被稱為「人的第二個大腦」。換句話說，人也許可以欺騙大腦「再撐一下就好了」，卻無法控制腸胃要它們勉強配合不合理的操勞。

　　若腸子並非潰瘍、癌症等病因，卻出現腹瀉、腹脹、腸鳴、打嗝、排氣、消化不良、食慾不振或便祕的激躁症狀，建議先找腸胃科、家醫科或是消化內科就診，確定原因再好好治療。

　　據統計，約有 3/4 的腸躁症患者並未接受過任何治療，楊仕山醫師建議及早就診。就診時，醫師通常會針對腸胃不舒服的症狀進行治療，並開立自律神經安定劑，及減少腸子蠕動的藥物，同時鼓勵患者學習抒發壓力，並練習放鬆身體。

（採訪整理／張慧心、楊育浩）

PART1
頭痛。

據臺灣頭痛學會調查統計，

頭痛患者因偏頭痛失能、無法工作的請假天數，

平均每年 3.7 天。

偏頭痛纏身時，要吞止痛藥嗎？

想減少惱人的偏頭痛，該如何從生活習慣改善？

哪些易引發頭痛的生活誘因少碰為妙？

哪些食物可幫忙趕走偏頭痛？

你會因偏頭病，而無心工作？

　　據統計，臺灣飽受偏頭痛之苦的就業人口約 90 萬人，一旦偏頭痛來襲，便無法工作，甚至痛到嘔吐、無法言語，旁觀者總覺得有這麼嚴重嗎？事實上，偏頭痛真的有讓人「抓狂」的本領。

　　偏頭痛不會要人命，痛起來卻會斷送大好前途！ 27 歲的妙如就差點丟了工作。妙如是銀行的小主管，長期以來，工作壓力讓她肌肉緊張、睡不著覺……慢慢地，開始偏頭痛，嚴重時，一個禮拜發作 2、3 次，無心工作的她，不僅耽誤進度，還因此沒辦法跟客戶和主管交代。

臺灣每日因偏頭痛
損失 1200 萬

　　臺灣上班族偏頭痛指數有多高？ 2006 年偏頭痛調查顯示，五成四患者曾頭痛到無法上班、上課，嚴重頭痛每個月發作 4.3 次，半數頭痛 3 年以上；調查也發現，9％的受訪者自認頭痛害他們找不到工作；26％因頭痛不能在工作崗位繼續上班，可見上班族因偏頭痛失能，影響個人前途的比例甚高。

　　2005 年的臺灣偏頭痛調查也指出，超過五成偏頭痛患者曾因頭痛無法上學、工作或操持家務。總體來說，臺灣上班族因偏頭痛無法工作，每天損失的收入達 1,200 萬元，每年收入損失近

46 億元，偏頭痛嚴重干擾工作者的產能。

頭痛病人
請假天數多

　　上班族因壓力、生活不規律、環境不良等因素，促使偏頭痛經常發作，但多採取忍耐，或買成藥而不去看醫生，讓偏頭痛愈來愈嚴重，最後影響工作。

　　臺灣頭痛學會 2006 年 9 月，調查大臺北地區 3,000 位受訪對象顯示，頭痛患者因偏頭痛失能、無法工作的請假天數，平均每年 3.7 天；臺北榮民總醫院近 300 多份資料指出，北部頭痛門診病患請假天數達 17 天；南部近萬份病歷發現，頭痛門診病人請假天數更高達 18.4 天。

　　一個人一天有 1/3 的時間在工作場所度過，臺灣上班族一天工時超過 10 小時的比比皆是，造成偏頭痛的機率也相對提高。臺北市立聯合醫院仁愛院區神經內科主任甄瑞興說，上班族的外在和內在環境都會引發偏頭痛。

　　外在環境包括：電腦螢幕閃動畫面引起的強光；從事噴漆、黏著劑、粉塵微粒的生物技術、染料、藥劑、橡膠等行業場所的化學物質氣味、香水等；或染織、加油站及其他室外工作等太溼、太熱、太冷的環境。

　　內在因素則有：緊張焦慮產生的壓力、睡眠不足、生活不規律、工作姿勢不正確等。

輕忽頭痛警訊
當心釀大禍

中醫抗衰老醫學會理事長、擅長結合中西醫療法的王剴鏘醫師指出，上班族面對頭痛，應牢記三「不」原則——不輕忽頭痛、不亂吃成藥、不以忙碌為藉口。

絕大多數就診的頭痛患者，是因壓力、姿勢不良或肌肉緊張造成的，通常不會有致命的情況發生，甚至只要遠離引發頭痛的原因，情況就能緩解，但也不能排除是某些嚴重疾病發出的危險訊號，例如腦溢血、腦梗塞、腦腫瘤、腦膜炎，所以要慎重留意頭痛前、頭痛時伴隨的「徵兆」。

所謂「不可輕忽的頭痛症狀」包括：
1. 50 歲之後才開始產生的頭痛。
2. 瞬間發作的劇烈頭痛。
3. 愈來愈嚴重與頻繁的頭痛。
4. 頭痛型態改變。
5. 伴隨全身症狀，如發高燒、體重無故減輕、半身無力、視力模糊等的頭痛。

（採訪整理／楊錦治、劉榮凱）

注意！造成偏頭痛的4大誘因

偏頭痛纏身時，不想吃藥能怎麼辦？其實，想減少惱人的偏頭痛，可從生活誘因下手，究竟哪些生活誘因少碰為妙？哪些食物可幫忙趕走偏頭痛？

偏頭痛的致病機轉，主要是內在或外在刺激，使腦內神經傳導物質改變，血管和神經一起作用而產生。醫學界更指出，某些「生活誘因」也會導致偏頭痛，所以治療時，找出生活誘因是重要功課。

常見的生活誘因可分為 4 大類：飲食、環境的過度刺激、作息不正常及心理壓力，有偏頭痛煩惱的人，可自我體檢，遠離偏頭痛；但臺灣頭痛學會理事長、活水腦神經內科診所院長王博仁提醒，這些因素只是醫界依據診斷經驗而整理，非一體適用。所謂誘因，不管在「種類或分量都因人而異」，患者仍須配合醫師診斷及自身觀察，才能有效對抗偏頭痛。

誘因 1 不適當飲食

王博仁醫師表示，「飲食是引發偏頭痛最常見的因素」，這結論令許多偏頭痛患者又愛又恨，高興的是，只要做好頭痛當天的食物觀察，就能輕鬆找出誘因；難過的是，這些引發偏頭痛的食物中，不少是令人食指大動的美食！

■富含乾酪素（Tyramine）的食物

含豐富乾酪素的食物有：巧克力、乳製品（如起司、牛奶、奶酪、乳酸飲料等）、柑橘類、紅酒等。

研究顯示，乾酪素在體內會直接導致頭痛，或轉成腎上腺素，腎上腺素增高的情況下，也易引發偏頭痛。偏頭痛患者千萬別因一時開心，多喝兩杯紅酒，貪嘴多吃幾塊巧克力和起司，一不小心，偏頭痛就上門。

■含亞硝酸的食物

含亞硝酸的食物有醃漬或煙燻類食品，如香腸、熱狗、火腿、臘肉、燻鮭魚、罐頭等，會刺激體內產生一氧化氮，使血管不正常擴張，引發偏頭痛。

■人工添加物

常引發偏頭痛的人工添加物有「味精及人工代糖阿斯巴甜」，易刺激或干擾神經末梢，使肌肉緊張，體內血管不正常縮脹，進而引發偏頭痛。這類食品不論是否為偏頭痛患者，除非必要，如糖尿病患者想吃甜食時須使用代糖，否則都應少攝取。此外，像一些低卡飲料、低熱量優格、無糖口香糖等，也都含有阿斯巴甜，別一味追求低熱量而吃太多。

■含咖啡因的食物

含咖啡因食物有咖啡、茶、可樂、提神飲料等及部分止痛藥。

雖然咖啡因可緩和疼痛，不過，含咖啡因的食物少碰為妙，醫界指出，長期過量（每日超過 100 毫克）攝取咖啡因，會造成慢性偏頭痛；若咖啡因成癮，會導致戒斷症候群，所以，不建議飲用咖啡來舒緩頭痛。

■菸、酒

　　菸品中的尼古丁會使血管不當縮脹，加上氣味重，兩者都會引發偏頭痛；而酒精中的乙醇會刺激血管中血液流量的速度，也易誘使偏頭痛發作。

誘因 2　環境的過度刺激

　　偏頭痛發生時，常伴隨怕光、怕吵等症狀，而環境的過度刺激，不論是氣味、光線、聲音或溫溼度，也往往會引發偏頭痛，因此，偏頭痛患者須盡量避免這些刺激性的環境因素，減少偏頭痛誘發率：

1. 接觸過濃的氣味，如香水、清潔劑、油漆、菸味、洗滌劑、廢氣、人工香精等。
2. 直視強光或身處在閃爍光線下。
3. 長時間看電腦或電視螢幕。
4. 常暴露在音量過高的環境中。
5. 處於氣溫太冷、太熱或溼度太高、太低的地方。

誘因 3 作息不正常

作息不正常也會造成偏頭痛，王博仁醫師建議，偏頭痛患者應更注意作息規律，三餐定時，不要因忙碌就忘了吃飯，或暴飲暴食、過度節食，另外，不要常熬夜或假日睡較久，最好能規律運動。其實，不管是否有偏頭痛困擾，都應正常作息，均衡地吃、睡、工作、休閒和運動，才會有健康的身體，抵抗病痛的能力也會增強！

誘因 4 心理壓力

許多人的偏頭痛與心理壓力有關，所以止痛藥的廣告場景常跟辦公室連結。王博仁醫師表示，臨床上，許多人因心理壓力使偏頭痛加劇，一旦壓力消失，偏頭痛也跟著舒緩，因此，建議偏頭痛患者心裡要學著調適壓力，盡量找方法紓壓，例如：聽音樂、泡澡、按摩放鬆肌肉、找朋友談心等，畢竟長期負載過大的壓力，對身體、心理，還有偏頭痛，都是不好的影響！

最後建議大家，如果長時間為偏頭痛所困擾，應趕緊就醫，配合醫師的觀察診斷，遠離生活中的偏頭痛誘因，並在醫師指示下，吃些日常保養的食物，揮別偏頭痛陰霾！

（採訪整理／洪志晶）

電腦位置不正
當心「緊張性頭痛」上身

　　每天面對電腦超過 6 小時的小沁，最近常覺得壓力讓他喘不過氣，頭痛也愈來愈劇烈。後來求診才發現，原因在於電腦螢幕位置放偏，引發肌肉緊張性頭痛，經醫師建議將電腦擺正後，頭痛才慢慢緩和下來。

　　頭痛分很多種，主要有緊張性頭痛、偏頭痛、血管性頭痛，上班族易發生的肌肉緊張性頭痛，約占所有頭痛的 95％以上，中國醫藥大學中醫學系兼任副教授、葉慧昌中醫診所院長葉慧昌表示，「肌肉緊張性頭痛位置多以太陽穴、後枕部、眼框周圍或眉心等處為主，患者常有頭重或昏沉感，尤其在早上 8、9 點和下午 4、5 點最好發。」

　　頭痛不是沒辦法解決。臺北市立聯合醫院仁愛院區神經內科主任甄瑞興提及，萬一上班時間發作，可用指壓緩解，「先找到痛點，用拇指指壓緩和症狀。」不過，他認為，根本之道還是工作50分鐘、休息10分鐘，且指壓痛點只能減輕肌肉緊張性頭痛，對其他偏頭痛症狀沒有緩解效果。

（採訪整理／楊錦治）

別抓狂！5招舒緩職場偏頭痛

頭痛讓你精神無法集中，什麼事都做不好？別再猛吞止痛藥，讓專家告訴你不再頭痛的祕笈！

曉莉想到下午的每月部門業務會報，又要接受高層主管的業績考核，左邊太陽穴附近的血管開始隱隱作痛，她知道此時得快點吞顆止痛藥，否則偏頭痛一發作，再吃藥也壓不住單邊或兩邊太陽穴一陣一陣抽痛、脹痛或鑽痛的感受，嚴重時還伴有幻覺、畏光、噁心嘔吐，往往得痛上3、5天才會好。

中國醫藥學院中醫部主治醫師楊慧昌表示，偏頭痛者屬「陽虛體質」，可能臉色蒼白、晦暗或沒光澤，較怕冷，易疲倦，當冷氣或電扇直接吹頭部時，特別容易偏頭痛。最好的預防之道就是避免接觸，否則會導致注意力不集中，甚至因迷走神經把眩暈或感覺異常的訊息，傳到延腦的嘔吐中樞，使患者產生嘔吐症狀。「有人因偏頭痛問題不能做過於用腦的工作，甚至因此頻換工作，雖然不牽涉『能力』問題，但也會讓職涯受限。」

不想讓偏頭痛影響工作與日常生活，可參考以下5個解痛方法：

方法 1
局部按摩、注意保暖

葉慧昌醫師表示，偏頭痛發作時，「按壓兩側太陽穴、頸後、

枕部及肩膀肌肉」，可減緩肌肉緊繃現象，或局部按摩、敲打、刮痧這些部位，對減輕偏頭痛症狀都有幫助。易頭痛的人也要注意身體保暖，否則會讓肌肉緊張，尤其是肩頸部位，可穿戴帽子、圍巾或厚一點的衣物。

方法 2
指壓穴道 DIY

感到頭痛、噁心時，可按壓以下穴道：

■ 按壓太陽穴
位於眉毛外端向下延長線及眼睛外角向外延長線交接處。

■ 按壓合谷穴
位於大拇指和食指中間虎口開叉上面一寸處。

■ 按壓列缺穴
位於手腕骨側，腕橫紋上 1.5 寸處。取穴祕訣：兩手虎口交叉，食指尖所指凹陷處即為列缺穴。

■ 按壓內關穴
位於手腕橫紋上三指寬、兩筋間。

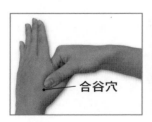
合谷穴

列缺穴

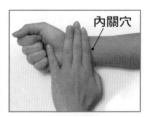
內關穴

方法 3
規律運動、自我調適

上班族有工作壓力在所難免，但若等到偏頭痛報到再解決似乎也太遲。臺北市立聯合醫院仁愛院區神經內科主任甄瑞興說，平常有空多做一些快走、跑步等讓肌肉緩解的運動，或做瑜伽、氣功等注重呼吸訓練、調息的運動，都能幫助身體穩定自律神經系統、減輕焦慮和肌肉緊繃的症狀。

上述案例中的妙如以往一有偏頭痛就回家休息，但有責任感的她認為，當主管常請假總不是辦法，後來到醫院求診，經治療加上瑜伽運動，不但頭痛緩解很多，工作危機也跟著解除。「易偏頭痛的人自我調適很重要。」葉慧昌醫師建議，最好保持心情開朗、不要過度緊張、不要熬夜、充分休息，才是甩開惱人偏頭痛的根本之道。

方法 4
忌口冰冷、油炸食品

臺北醫學大學附設醫院家醫科主治醫師林神佑和中醫抗衰老醫學會理事長王剴鏘醫師都表示，身體調節溫度能力較差的上班族，天熱時不宜猛然灌下冰水，否則中樞神經很可能因劇烈收縮而頭痛。而時常注視著電腦或螢幕的上班族，也要適度讓眼睛休息，以免因視力受損而引發頭痛。

王剴鏘醫師建議上班族，平日不妨多攝取薑、醋、菇類、大豆製品、大蒜、芝麻、黑豆、紫蘇、山芹菜、枸杞、葛粉。另外要忌口的則是：冰飲、冰品、甜食、油炸物、加工肉、生魚片。

「吃某些食物確實可有效改善頭痛狀況！」林神佑醫師推薦含維生素 B2、B6、B12、葉酸等食物，也可適量飲用含咖啡因的咖啡、巧克力飲品。不過，有些偏頭痛患者，反而是吃了起士、含咖啡因、酒精類的食物後易引發疼痛，這時就要避開這些地雷食物。

特別是女性，因為肌肉量少、運動量少，每月要經歷生理期、再加上過度減肥，易造成營養失衡，往往比男性容易頭痛及肩頸僵硬，所以女性應比男性更加注意平日的飲食及生活，並在日常生活多攝取一些能促進血液循環的食材湯方，以便改善肩頸僵硬及頭痛的症狀。

方法 5
芳香療法解頭痛

王剴鏘及林神佑兩位醫師都建議，可適時用芳香療法紓解頭痛。「如果能適度塗抹或聞一些薄荷精油，就能消除壓力，提振精神！」林神佑醫師也提及可種些薄荷植物，有效改善工作氣氛。至於一般人習慣頭痛時塗抹一些含薄荷香味的萬金油、綠油精、白花油，他則認為改善頭痛的作用有限，但多少具有一些提神的效果。

王剴鏘醫師建議上班族回家沐浴時，不妨在浴盆中滴入薰衣草（能鎮靜放鬆）、天竺葵（能加強免疫功能）、迷迭香（能促進血液循環）等3種精油各2～6滴，泡一個舒服的精油浴，不但可增加免疫力，還能促進血液循環，消除緊繃的頭痛問題。不過切記水溫不要太高，入浴時再滴入精油，以免香氣過早揮發。

平日則可在手帕或化妝棉上滴上歐薄荷（能促進血液循環）、薰衣草及迷迭香（有助紓解疲勞）精油，以吸入的方式緩解頭痛，如果是鼻塞引起的頭痛，則可以尤加利精油改善鼻塞情況。

（採訪整理／楊錦治、劉榮凱）

不按牌理出牌的偏頭痛
預防 9 撇步！

1. **工作時間不宜太久**：工作一段時間看看遠處，轉轉肩頸。

2. **注意辦公時的姿勢**：像使用電腦時，肩部和頸部的姿勢不宜
   僵硬；眼睛和電腦螢幕距離 60 公分為佳，坐 1 小時後起身活
   動 10 分鐘。

3. **懂得放鬆情緒**：可運用一些減壓要領，例如：腹式呼吸法，
   方法為慢慢吸氣，讓腹部逐漸外鼓，吐氣時，腹部逐漸內扁；
   也可聽輕柔音樂、冥想等。

4. **防止空調直吹頭部**：可戴帽子避免；若空調位於座位上方，
   可用膠帶黏貼住出風口。

5. **謝絕過多光線刺激**：在室內工作時，注視電腦螢幕太久易受
   刺激，50 分鐘就須休息 10 分鐘；室外光線太強，可戴太陽
   眼鏡避開強烈的陽光、雪地、水、玻璃的反射。

6. **避免濃烈的氣味**：如濃郁的香味、菸味、油漆、廢氣、清潔
   劑、化學洗滌劑、印刷油墨等化學氣味，都是偏頭痛的誘因，
   不要在類似環境待太久。

7. **避開吵雜環境**：尤其是對吵鬧聲敏感的人。

8. **注意天氣的溫度與溼度**：高溫、高溼、低溫或冷熱溫差過大
   的天氣，盡量不要外出，室內可用空調改善。

9. **均衡的睡眠**：睡太多會導致內分泌失調，引起偏頭痛。

喝咖啡是偏頭痛最佳救星？

對於惱人的偏頭痛，有人會喝咖啡止痛，臺北市立聯合醫院仁愛院區神經內科主任甄瑞興說，「偏頭痛藥物本身就含有咖啡因成分，可止痛，平常沒有喝咖啡習慣的人，喝咖啡確實能緩和頭痛；但對經常喝咖啡的人來說，一陣子不喝反而會因戒斷而頭痛。」他提醒，一天最好不要喝超過 300 毫克，其他含咖啡因飲料也盡量避免。

神經不安定，可吃哪些食物？

臺灣頭痛常務理事、活水腦神經內科診所院長王博仁建議，偏頭痛患者可和醫師討論後，吃些日常保養的食物，例如：有安定神經功能的維生素 B2 和鎂離子。

維生素 B2 存於肝臟、瘦肉、魚、牡蠣、牛奶、綠色蔬菜、香菇、芝麻、花生、豆類、荔枝、杏仁等食物中，每日可攝取約 300～400 毫克；鎂離子存於富含葉綠素的蔬菜中，如菠菜、莧菜、甘藍菜、胚芽、全穀類、榛果、香蕉等。

（採訪整理／洪廷芳）

止痛藥，為什麼吞了沒效？

　　許多人偏頭痛來臨時，常面臨要不要吃止痛藥的抉擇，事實上，服用止痛藥的「時機」很重要，若忍到不能再忍才吃，錯過「黃金治療期」，痛，反而止不了！

　　現代人生活既緊張又繁忙，一旦頭痛，「吞止痛藥」幾乎成為解除頭痛的首選，究竟治療偏頭痛的止痛藥何時服用最有效？吃多身體會產生抗藥性，愈吃愈沒用嗎？若常吃，會不會終身依賴藥物？

頭痛發生後的 60 分鐘內服用
止痛效果最好

　　偏頭痛患者在頭痛開始時，難免會有緊急需服用止痛藥的情況，這時不論是市售成藥，如普拿疼、百服寧、阿斯匹靈等，或醫師的處方藥，如英明格，都應在「頭痛發生後 60 分鐘內」盡快服用，且盡量放鬆心情，最好能休息一下。

　　臺灣頭痛學會常務理事、活水神經內科診所院長王博仁表示，偏頭痛開始的 20 ～ 60 分鐘，體內周邊神經開始敏感化，須把握這段時間盡快服用止痛藥，否則頭痛超過 60 分鐘，體內中樞神經敏感化後，止痛藥的止痛效果就有限了！因此，偏頭痛發作後，若需服用止痛藥減緩，一定要掌握黃金 60 分鐘！

藥吃多了
反而沒效果？

　　根據王博仁醫師的臨床經驗，超過六成的慢性每日頭痛患者，都曾濫用或仰賴市售止痛成藥，而市售的止痛成藥成分各有不同，最常見的是含阿斯匹靈、咖啡因和乙醯氨酚，病患常沒根據體質狀況，亂買止痛藥來吃，不但消除不了頭痛，還白花錢。

　　他表示，患者若長期靠服用止痛藥抑制偏頭痛，身體會產生抗藥性，導致藥效愈來愈不顯著，也會因長期服用藥物，對胃、肝、腎或其他器官造成傷害，因此，建議經常性偏頭痛患者，務必就醫診治，不要將止痛藥視為治療頭痛的神仙妙藥，否則長期累積下來，可能對身體造成慢性傷害。

　　另外，有些治療冠狀動脈疾病，如心絞痛病、心肌梗塞、腦循環疾病的藥物，易使偏頭痛的情況加劇，服用上述藥物者，應注意服藥後是否偏頭痛發生或加劇，若有此情形，應與醫師討論是否換藥。

怎麼減輕藥物潛在威脅？

　　偏頭痛和許多慢性病一樣，對患者而言，「自身觀察」及「配合醫師診療」一樣重要。王博仁醫師表示，偏頭痛的發作原因和體質有很大的關係，有偏頭痛困擾的人，一定要對飲食、用藥和生活習慣多做紀錄。

　　在飲食方面，長期注意自己吃了什麼類型的食物或多少分量後，頭痛會伴隨產生，方便阻斷飲食誘發的偏頭痛。在藥物方面，多留意自己吃什麼成分的止痛藥最有效，較不會有副作用，如此才能在突然頭痛又無法就醫時，正確購買適合的成藥。

　　至於生活習慣方面，多放鬆心情，不要過分焦慮緊張，另外，規律的作息及適當的運動，也是降低偏頭痛機率的好方法。

　　當然，進一步配合醫師處方，更能降低藥物的傷害性，王博仁醫師說：「這是觀念問題，有偏頭痛仍要進行『預防性用藥治療』，若有些病人有偏頭痛和心血管疾病的問題，有些病人有偏頭痛和憂鬱的問題……醫生可依據不同症狀，讓一種類型的藥物治療兩種問題，一次達到兩種以上的效果，讓治療更有效率！」

（採訪整理／洪廷芳）

5 個原則，安全吃對止痛藥

　　許多人常吃止痛藥來暫時緩解頭痛、胃痛，中醫抗衰老醫學會理事長、擅長結合中西醫療法的王剴鏘醫師叮嚀以下 5 大原則，正確使用止痛藥，才不會解了小痛卻釀成大病。

1. **必要時才吃，頭不痛時便立刻停用**：若是預防性的止痛藥，則是一出現頭痛徵兆，就要服用。

2. **多喝水、多排尿**：服用止痛藥期間，一天至少要喝 2000 ～ 3000cc 的水，至少一天要上 7 ～ 10 次廁所，才能將藥物代謝出體外。

3. **不要混合止痛藥**：除非經醫師指示，否則千萬不可混合兩種以上的止痛藥，以免增加肝腎負擔。兩種藥物應依指示間隔 4 ～ 6 小時再服用，避免交互作用。

4. **了解自己的疼痛**：止痛藥一般只對神經傳導的疼痛有效，例如經痛、頭痛、牙痛，但對於胃痛、悶痛則吃一般止痛藥是無效的。

5. **正視疼痛警鈴**：當頭痛的警鈴響起時，應正視究竟是什麼原因造成，並盡量改善，而不是只靠止痛藥，有時只要改善生活習慣、找到情緒出口，就能改善頭痛情況。

（採訪整理／劉榮凱）

市售止痛藥，主要成分一覽表

成分 / 藥名	阿斯匹靈（Aspirin）	乙醯氨酚（Acetaminophen）	水楊酸衍生物（Ethezamide）	咖啡因（Caffeine）	其他成分
腦新散		270 毫克	100 毫克	60 毫克	
速定二層錠	227 毫克	125 毫克		25 毫克	Antacid
散利痛		250 毫克		50 毫克	Isopropylantipyrine（150 毫克）
必治妥百服寧	325 毫克				Antacid
普拿疼加強錠		500 毫克		65 毫克	
普拿疼		325 毫克			
齒痛五分珠		300 毫克	400 毫克	80 毫克	Bucetin（200 毫克）
五分珠	520 毫克	260 毫克		32.5 毫克	Bromvalerylurea（180 毫克）
明通治痛丹		200 毫克	350 毫克	50 毫克	
斯斯解痛錠		500 毫克		30 毫克	Bromvalerylurea（200 毫克）
長安止痛錠		267 毫克	300 毫克	83 毫克	Bromvalerylurea
長安止痛錠		267 毫克	300 毫克	83 毫克	Bromvalerylurea（100 毫克）

註：表格中的其他成分，功能是搭配主要成分來幫助止痛。

資料提供／臺灣頭痛學會常務理事王博仁

止痛藥的成分，有哪些功效、副作用？

	主要功效	副作用
阿斯匹靈	有退燒、止痛、消炎、預防腦中風及冠狀動脈疾病等功能。	■刺激腸胃，易造成潰瘍。 ■手術不易止血。
乙醯氨酚	幫助中樞神經止痛。	■短時間大量服用會傷腎、傷肝。
水楊酸衍生物 （Ethenzamide）	有陣痛、解熱效果，但效果較阿斯匹靈差。	■食慾不振、口渴、口苦。 ■副作用與阿斯匹靈相同，但較弱。
咖啡因	可紓解血管性頭痛，刺激交感及中樞神經系統。	■刺激腸胃。 ■失眠。 ■心悸。 ■利尿 （過度利尿會傷腎）。 ■神經質。 ■頭痛。

資料提供／臺灣頭痛學會常務理事王博仁

記錄頭痛日記，協助醫師診斷

　　中醫抗衰老醫學會理事長、擅長結合中西醫療法的王剴鏘醫師認為單純壓力引起的頭痛，只要吃顆止痛藥就能緩解，但如果要徹底擺脫，就必須了解原因，才不會因一時輕忽，轉變成慢性頭痛，甚至延誤最佳治療時機。此外，一般俗稱的「五十肩」，其實不少年紀很輕的電腦族、上班族也無法倖免，所以千萬不要讓肩頸頭背過度疲勞。

　　上班族儘管工作忙碌，如果頭痛頻繁，王剴鏘醫師建議，應仔細記錄「頭痛日記」，載明頭痛時間、痛多久、痛的位置、症狀如何、是否有前兆或誘因、有無服藥、療效如何、有無伴隨其他症狀……，並於就診時提供給醫師參考，就能很快對症治療，趕走惱人的頭痛。

頭痛日記怎麼寫？

　　王剴鏘醫師建議，有慣性頭痛的人，應清楚記錄頭痛日記。以下為範例，疼痛的程度以當事人主觀感受為主，可概分為 1 ～ 10 個等級，1 是最輕微的痛，10 為最不能忍受的痛。記錄「頭痛日記」主要是讓醫師瞭解疼痛的時間、頻率、狀況（是悶痛或劇痛，或合併其他不舒服）、簡單處置後的結果（如吃藥後有無緩解）。

頭痛日記範例：

日期	上午	下午	前兆或誘因
8 月 11 日 （四）	8 點開始頭痛，程度是 4，頭很重、很緊，上午 11 點疼痛程度升高為 8，還想吐，一直痛到中午。	頭痛一直延續到下午 2 點，開會一半時，才感覺好一點，會後就不痛了。	
8 月 19 日 （五）	接近中午時感覺頭快要痛了，程度是 1，且肩膀僵硬，吞了一顆止痛藥。	吃藥後更痛，疼痛程度一直維持在 4 ～ 5 間直到下班。	
8 月 29 日 （一）	接近中午時覺得左側太陽穴感到如針扎般的刺痛，程度 10。吞了一顆普拿疼。		前一晚睡到一半突然痛醒，感覺很糟。

（採訪整理／劉榮凱）

預防性療法，解決偏頭痛問題！

報導，曾有一名先生每當偏頭痛發作時，就買含有麥角鹼、咖啡因成分的強效止痛藥止痛，3年後造成急性心肌梗塞……，你也有偏頭痛，吃再多止痛藥也無法改善，又怕有副作用的煩惱嗎？醫師建議，不妨接受「預防性用藥治療」，根本解決問題！

從電視上的止痛藥廣告量不難推測，臺灣人對止痛藥的需求有多驚人！此外，止痛藥的種類繁多，有含阿斯匹靈，更有標榜強效，甚至是速效功能的止痛藥，消費者往往不會注意市售成藥是否適合體質，就自行服用，導致頭痛無法根治，且愈演愈烈。

事實上，引起頭痛的原因有很多種，當頭痛發生時，患者常不清楚要到醫院看什麼科，前臺南新樓醫院副院長王博仁表示，可先到「家醫科」進行初步過濾，或直接到「神經內科」進行更細膩的診斷，排除其他病變，以做最適切的治療。

他說，近年，臺灣頭痛學會一直推廣偏頭痛就醫的正確觀念，也就是偏頭痛治療三部曲：「找出誘因、急性止痛，及預防治療」，其中疼痛時服用止痛藥，只是治療的一環，最重要的是事前採行預防性用藥治療，才能有效對抗偏頭痛。

1. 找出誘因

治療首部曲是「請醫師根據臨床經驗，協助偏頭痛患者找出

誘發因素」。由於偏頭痛發生原因與體質息息相關，患者需配合醫師建議，對飲食、藥物及生活習慣進行觀察。王博仁建議，經常性偏頭痛患者（一週偏頭痛1、2次或以上），可根據頭痛情況，做疼痛程度量表及頭痛日誌等紀錄，方便醫師找出誘因，有效阻斷偏頭痛發作。

2. 急性止痛

二部曲是「服用止痛劑抑制偏頭痛」，有些人偏頭痛發作時，會有跳動性的劇烈疼痛、眼部受壓迫感，同時伴隨噁心、嘔吐、怕光、怕吵、無法思考、愈活動愈痛等症狀，這些情況合併起來真的會讓人「失能」，須服用止痛劑控制。

目前市售的止痛成藥，如普拿疼、百服寧、阿斯匹靈等，都是一般性止痛藥，可廣泛解決許多部位的疼痛問題；另外，一些含麥角鹼，或翠普登類如英明格，則是特別設計來緩解偏頭痛的處方藥。不管是哪種類型的止痛藥，因個人體質差別，適合的藥物種類也不同，服用時，還是配合醫師處方較有效、安全。

3. 預防治療

三部曲是「預防性用藥治療」，王博仁強調，這是偏頭痛療法最重要的觀念，特別是經常性偏頭痛患者，服用止痛藥只能解一時之痛，是救急、不治本的方法，加上止痛藥或多或少都會傷

害身體，如傷肝、傷胃、傷腎等，服用過量會造成身體負擔。此外，經常性偏頭痛患者也易有罹患缺血性中風的傾向。

　　所以，預防性用藥治療是積極且必須的療法，不可輕忽。若有以下情形，最好進行預防性用藥治療。

■ 一週頭痛超過一次。

■ 頭痛時間高出 48 小時。

■ 頭痛劇烈或一般止痛藥不太有效。

■ 前兆期很長或已偏頭痛中風患者。

　　他進一步解釋，近年來，許多新的研究報告及新的處方藥如妥泰顯示，只要遵守醫囑服用預防性用藥，治療 4 ～ 6 個月，就能明顯降低偏頭痛發生頻率，甚至和一般人一樣，一年偶發幾次頭痛，大大減少偏頭痛患者的痛苦及生活困擾，揮別止痛藥纏身的日子。

　　　　　　　　　　　　　　　　　　　　（採訪整理／洪廷芳）

12 項頭痛警訊，建議立刻求醫！

活水腦神經內科診所院長王博仁提醒，即便是偏頭痛患者，或其他類型常頭痛的患者，在「突然頭痛時」，仍須留意自己的頭痛情況，因頭痛發生原因有很多種，不一定就是偏頭痛。

患者可依頭痛的熟悉情況，做最初步的過濾觀察，若是熟悉的疼痛，可服用慣用且有效的止痛藥抑制；若是不太熟悉的頭痛，建議盡快就醫，因有些頭痛足以致命，千萬不可輕忽頭痛警訊！

該如何辨別頭痛是由危急生命的情況所引起的？以下提供12 項頭痛警訊，皆需立刻求醫：

1. 任何突發性嚴重的頭痛。　　2. 頭痛伴隨「抽筋」現象。

3. 頭痛伴隨「發燒」現象。　　4. 頭痛伴隨「神智不清」。

5. 頭痛伴隨「昏迷」。　　　　6. 頭痛伴隨「眼睛或耳朵疼痛」。

7. 頭痛伴隨「頸部僵硬」。

8. 頭部外傷後的疼痛。

9. 以前不頭痛，現在突然頭痛。

10. 以前有頭痛，但現在的型態改變。

11. 咳嗽、用力或彎腰時，頭痛加劇。

12. 頭痛導致半夜醒來。

資料提供／活水腦神經內科診所院長王博仁

（採訪整理／洪廷芳）

PART2
感冒。

感冒和「抵抗力高低」有關，

天氣冷，抵抗力降低，所以易受感冒病毒和細菌侵襲。

如何增強抵抗力，預防感冒？

感冒時，該如何保養身體？

還有，千萬不要輕忽小感冒，

你知道什麼疾病易和感冒混淆？

關於感冒，你了解多少？

究竟感冒形成的原因為何？坊間有許多治感冒偏方，這些方法都有效嗎？而正確方法又是如何？

本篇將針對感冒常遇到的疑惑，訪問臺北市立聯合醫院家醫科主任林君玉，與臺大醫院耳鼻喉科主治醫師楊庭華，為讀者更進一步詳細地解答。

Q 喝熱甘蔗汁、蛋酒能治感冒？

有人建議：喝熱甘蔗汁、薑茶、蛋酒有助緩解感冒。對此，林君玉表示，熱甘蔗汁可有可無，喝也無妨；薑茶則有助發散風邪，緩解病情；但蛋酒，就不宜在感冒時飲用，因酒會導致火氣上升。

至於運動飲料，則適用於發燒、腹瀉時飲用，以補充流失的電解質。如果有感冒頭痛的症狀，有人建議喝點熱咖啡即能改善，但楊庭華醫師不建議喝咖啡，「因為咖啡利尿，容易脫水，感冒需要補充水分，所以喝咖啡對身體並不好。」以上飲料約喝150～200CC即可見效。

此外，林君玉提醒，感冒時，不適合吃當歸、人參、黃耆、枸杞子，及四物湯、八珍湯、十全大補湯等補藥，因感冒是邪氣入侵，此時進補，反而易補到邪氣。

Q 感冒只跟天冷有關？

林君玉說，一年四季都會感冒，不會因天冷才罹患。感冒和「抵抗力高低」有關，天氣冷，抵抗力降低，所以易受感冒病毒和細菌侵襲。究其形成原因，90％是病毒感染，10％是遭細菌感染。

Q 吃感冒藥後，症狀更嚴重？

楊庭華分析，這情形有兩種可能：一種是吃藥時，正值感冒初期，症狀較輕微，但感冒有一個自然的演化過程，作用會逐步加劇，所以會感覺症狀更嚴重；另一種是所吃的藥物中含有第一代的抗組織胺，因而出現其他併發症，譬如：感冒易嗜睡，而第一代抗組織胺有抗副交感神經的作用，會讓患者更想睡覺。林君玉提及，當然也可能是吃了不對症的藥物。

Q 打針、吊點滴，感冒好得快？

楊庭華解釋，一般感冒打的針是退燒針或消炎藥，主要作用是緩解或減低感冒的疼痛感，患者會感覺舒服許多，不表示感冒已痊癒。

而吊點滴的功能在於讓患者身體保持足夠的水分，有體力對抗感冒病毒；其實一般感冒潛伏期約 1 ～ 3 天，整個病程約 7 ～

10 天，即使不吃藥、不打針，只要多喝水、有充足的睡眠，身體的免疫系統會自然讓它痊癒。

要提醒的是，有些人感冒好了，卻還剩後續症狀，如一直咳嗽，這時不需再吃感冒藥，因感冒藥只有在病毒擴散時，才會產生抑制的作用，這時吃是無效的。

Q 孕婦不宜吃感冒藥？

楊庭華說，孕婦本身不能亂吃成藥，因許多藥物都會刺激胎兒，造成危險。因此，藥物會針對是否刺激嬰兒的程度，做 A、B、C、D 分級，醫師則依孕婦患病情況，選擇刺激性較低的藥物。林君玉則表示，中藥較沒有這樣的顧慮，孕婦感冒如果吃中醫開的感冒藥，不會對胎兒有不良影響。

此外，楊庭華醫師提醒，患有雷氏症候群的小孩不能吃含有阿斯匹靈的藥物，因此病的形成與阿斯匹靈有關。市售的感冒成藥多是複方成分，所以要小心使用。

林君玉醫師也強調，若有特殊體質或其他疾病，要特別注意藥物的使用，如攝護腺肥大患者，吃到含麻黃素的感冒藥，會難以小便，心臟病患者吃到含麻黃素的感冒藥，可能有心悸問題。即便是因感冒而就診，也應告知看診醫師，請醫師改開其他替代藥物。若自行去藥局買感冒成藥，也應向藥師詢問藥物成分，並告知自身狀況，以免吃到不能吃的藥，造成反效果。

Q 感冒一定會發燒？

不一定。楊庭華指出，流行性感冒或其他併發症，才可能出現發燒情形，常見的併發症包括：中耳炎、扁桃腺炎、肺炎、腦膜炎，都會使人發燒。

Q 感冒不能吃涼性水果？

林君玉解釋，感冒不能吃涼性水果，是指「風寒感冒，咳嗽劇烈時，吃涼性水果會生痰，刺激咽喉、氣管而引發咳嗽」；如果是風熱感冒，發燒、口乾舌燥、喉嚨痛、痰黏稠不易咳出者，反而能喝柳橙汁降火氣。

也有人說：「感冒不能吃香蕉及羊肉」，她說，這是沒根據的，但她提醒，感冒患者最好不要吃辛辣、油炸等食物，以免刺激喉嚨。

Q 感冒能同時看中西醫？

林君玉和楊庭華都不贊成同時接受中西醫的治療，認為還是一前一後較恰當，例如：看完西醫吃完西藥後，再看中醫，以中藥調養身體。因中西藥可能有些成分會重複，如麻黃素，重複吃對身體並不好。

Q 感冒可能導致哪些嚴重併發症？

- **中耳炎**：高燒不退（超過 3 天以上）、耳朵痛，幼兒會煩躁、搔抓耳朵。

- **扁桃腺炎**：咽喉痛、吞嚥時痛楚加劇。發熱、頭痛、全身乏力、嘔吐。

- **肺炎**：高燒不退且咳嗽加劇、呼吸急促、食慾減退。

- **腦膜炎**：頸部僵硬、劇烈頭痛、嘔吐、怕光、持續高燒，甚至意識不清。

（採訪整理／吳燕玲）

沙士加鹽治喉嚨痛
感冒就能快快好？

　　「喉嚨痛、嘴破，要多喝加鹽的沙士，還能消炎降火氣」、「可樂含有感冒糖漿成分，喝了能治感冒」……關於老祖母的治病偏方，可信度有多高？

傳言 1
沙士加鹽，能治喉嚨痛？

正解》No ！

　　榮星診所副院長，也是書田醫院家醫科主任醫師何一成表示，此說法沒有醫學根據。門診時曾看過兩至三成的病人，因喉嚨痛而狂喝加鹽的沙士，可是，喉嚨黏膜已破損，再喝加鹽沙士，無非是在傷口灑鹽，也讓喉嚨更不舒服。

傳言 2
可樂含感冒糖漿成分，多喝治感冒？

正解》Yes ！但要適量。

　　何一成指出，可樂含有咖啡因，具止痛效果。曾有人聽說可樂含有類似感冒糖漿的成分，感冒頭痛便喝可樂止痛，其實，現

在有感冒藥可以替代，不妨直接服用感冒藥。再者，咖啡因一天最好別攝取超過 300 毫克（即 300ppm），過量攝取咖啡因會造成身體、腦部的傷害。

傳言 3
動完胸腹腔手術，喝碳酸飲料助康復？

正解》No ！

網路流傳，「多喝碳酸飲料，讓飲料內的二氧化碳替換手術時流入體內的空氣，再經陽光照射、行光合作用，轉化成對身體有用的氧氣，」對此說法，何一成相當質疑，也指出沒有醫學研究能支持這論點。

他直言，想恢復中氣，靠的是良好的血液循環，並非靠體內的氣體；再者，動完胸腹腔手術後要預防脹氣，喝碳酸飲料反而會造成脹氣，因此這描述不合理。不過，他也補充，前陣子有婦人腹腔內有糞石，後來注射可樂去溶解，這算是碳酸飲料另類的療法。

（採訪整理／吳宜亭、魏婕綝）

感冒咳不停
中醫師教你小方法恢復健康

「光擤鼻涕，就用了 2 包衛生紙」、「半夜咳到睡不著，隔天講話沒聲音」、「嚴重鼻塞超難過，整個人頭昏昏腦頓頓」……想舒緩感冒引起的擾人症狀，不妨善用一些小方法，減輕不適、細心呵護正在恢復的健康。

風熱、風寒感冒
適合飲食大不同

中國醫藥大學北港附設醫院中醫部主治醫師楊淑媚推測，坊間偏方讓病人產生良好的心理作用，自然覺得好得快。其次，想治療感冒，除了靠個人免疫力，還要多喝水，而上述偏方，通常會讓病人多喝液體，無形中也能改善病情。

另外，楊淑媚也曾聽說多吃水果能治感冒，對此，她有所保留。她指出，「維生素 C 可預防感冒、增強抵抗力、舒緩感冒不適，但不能直接治療感冒。」若想吃富含維生素 C 的水果來舒緩感冒不適，以 100g 所含的維生素 C 來看，下列水果含量最豐富：釋迦 99mg（毫克）、香吉士 92mg、龍眼 88mg、奇異果 87mg、番石榴 81mg、木瓜 74mg、榴槤 66mg、草莓 66mg、柚子 52mg、桑椹 51mg。

一般而言，感冒分兩類型：風寒感冒與風熱感冒。楊淑媚也對於兩類型感冒，提出飲食建議：

風寒感冒

症狀：鼻涕清、咳嗽痰白、痰質稀、頭痛、筋骨酸痛，喉嚨卻不痛等症狀。

適宜蔬菜：蔥、薑、芫荽（香菜）。

不宜食用：寒涼性食物，如：白菜、絲瓜、冬瓜、西瓜、甜瓜等。

風熱感冒

症狀：鼻涕黃稠、咳嗽痰黃、痰質稠、喉嚨痛、口乾及身體發熱等症狀。

適宜蔬菜：請避開溫熱性食物。

不宜食用：溫熱性食物，如：咖哩、辣椒、大蒜、荔枝、龍眼、榴槤等。

另外，楊淑媚也提醒，感冒時應留意下列飲食：

1. 可服用維他命 C，能緩和咳嗽、打噴嚏等症狀。
2. 多喝熱雞湯，有助於鼻腔黏液的流動，加強體內抗病力。
3. 多喝水，補充感冒流失的重要體液。
4. 感冒時不宜吃油膩烤炸的食物，以免加重腸胃負擔。
5. 多補充富含維生素 A 的水果（木瓜、芒果）；維生素 C 的水果（檸檬、芭樂、橘子、柳橙）；富含生物類黃酮素的水果（芭樂、葡萄柚、橘子、柳橙、檸檬、番茄）。

　　儘管感冒期間用飲食調理身體能減輕症狀，但這只是輔助功用，楊淑媚指出，還是要多休息，讓身體細胞回復作戰力。雖然感冒麻煩，但不可怕，睡眠充足，加上均衡營養、適度運動，都能增加抵抗力，幫助身體戰勝病毒。

治小感冒
也可試試白菜薑絲蔥白湯

食材：小白菜 100 克，生薑 10 克，蔥白 10 克，鹽少許。

作法：

1. 小白菜洗淨切段，生薑切絲，蔥去掉綠色部分，用白色部分。

2. 小白菜和生薑、蔥白加適量水煮成湯，約煮 5 分鐘，加入食鹽調味即可。

3. 小白菜、生薑和蔥白都可食用，湯溫服、微出汗效果更佳。

功效：

1. 平時預防感冒。

2. 感冒初期解緩不適。

說明：

1. 小白菜含豐富維生素 C，可預防感冒。

2. 生薑可解表散寒、改善感冒症狀。

3. 蔥白有通陽散寒、溫暖身體的作用。

（採訪整理／吳宜亭）

按摩 3 穴道，舒緩感冒疼痛

針對感冒引起的鼻塞、咳嗽等症狀，中國醫藥大學北港附設醫院中醫部主治醫師楊淑媚指出，可按摩肺經、大腸經上的穴位，舒緩不適。以下也介紹幾個常用穴位，這些穴位對稱，左右各有一個。

按摩》尺澤（肺經）──防治咳喘要穴

位置：在手肘橫紋中，肱二頭肌腱橈側（大拇指側）邊緣。簡易找法為手心朝上，彎曲手肘，延著大拇指這一條筋往上摸，在手肘內側中央可摸到一條大筋（即肱二頭肌腱），在其外側緣有一凹陷處，即尺澤穴。

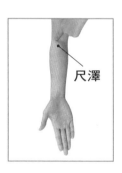

尺澤

作用：

1. 防治咳喘等肺部疾患，可改善咳嗽、氣喘、咳血、胸部脹滿、咽喉腫痛。
2. 防治急性胃腸炎，上吐下瀉。
3. 防治肘臂攣痛。

作法：

平時可用拇指按壓或揉動 30 ～ 40 次。

按摩》魚際（肺經）──咽喉要穴

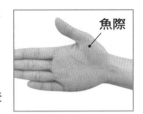
魚際

位置：仰掌，在第一掌骨中點，赤白肉際處。

作用：

1. 有宣肺解表、清熱瀉火、止咳平喘等功效，主治咽喉、胸肺部病症，如支氣管炎、哮喘，胸悶、呼吸困難或有痰鳴聲。

2. 治療局部的病症，如：臂痛指攣等。

作法：

以大拇指腹按壓在魚際穴上，食指頂挾住虎口或合谷上，大拇指以順時針揉按，反覆由輕到重揉按 10 次。

按摩》迎香（大腸經）──鼻病要穴

迎香　　迎香

位置：在鼻翼外緣旁開 0.5 寸，在鼻唇溝上。

作用：

1. 位於鼻旁，治療各種鼻病及口眼歪斜的主穴之一。

2. 預防感冒及鼻疾，防治鼻塞、鼻衄（鼻腔出血）、慢性　鼻炎、面癢。

作法：

可常以兩手食指或中指指腹，搓擦或按壓兩側迎香穴 100 次。

（採訪整理／吳宜亭）

如何預防感冒

■平時預防

1. 平時適度鍛鍊身體，視狀況進行室外活動，以利增強體質，提高抗病能力。

2. 注意防寒保暖，在氣候冷熱變化時，及時增減衣被，避免淋雨受涼及過度疲勞。

3. 在感冒流行季節，少去密閉的公共場所活動，防止交叉感染。

4. 醋熏蒸法：在每立方米空間裡，準備食用醋 5 ～ 10ml，加水 1 ～ 2 倍稀釋後，加熱蒸熏 2 小時，每日或隔日一次，作為流行感冒季節預防之用。

5. 保持樂觀的心情，可促進免疫系統的活力。

■感冒時保養

1. 多休息，保留復原的體力，也可避免一些併發症，減緩每天的活動，避免過度勞累。

2. 不要抽菸，抽菸會干擾抗感染的纖毛活動，尤其感冒時，更不能抽菸。

3. 以鹽水漱口，可緩解喉嚨不適。

4. 適時以棉花在鼻子周圍塗些凡士林，以潤滑過度擤鼻子造成

附近皮膚受傷而引發的疼痛感。

5. 洗熱水澡。

6. 發燒 38.5℃以上，應儘速就醫。

方法提供／中國醫藥大學北港附設醫院中醫部主治醫師楊淑媚

（採訪整理／吳宜亭）

什麼疾病易和感冒混淆？

　　曾有報導指出，臺中兩名 12 歲的學童因疲累、噁心、胃口不好，被當成感冒治，一直等到體重掉了 10 公斤，家長覺得不對勁，抽血檢查後，才發現孩子尿毒症已經惡化，是否許多疾病容易和感冒的症狀混淆？

　　臺大醫院耳鼻喉科主治醫師楊庭華說，尿毒症患者與感冒相似的症狀，除了疲累、噁心、胃口不好之外，「最嚴重的是排不出尿，所以錯判率應不高」。

　　至於其他病症，如過敏性鼻炎、鼻竇炎或腸胃炎，症狀都和感冒症狀相似，如打噴嚏、流鼻水、胃口不好、容易疲累等，造成患者常誤以為是感冒，而忽略就診，「最嚴重的是『淋巴瘤初期』時，患者誤以為自己是感冒，以致未及時就醫」。

　　臺北市立聯合醫院家醫科主任林君玉也強調，如果出現發燒、喉嚨痛、全身酸痛、頭痛時，千萬不要以為一定是感冒，也許是別的病，仍要觀察全身性的症狀，不要擅自服退燒藥、消炎藥，還是盡快請醫師診察為宜。

（採訪整理／吳燕玲）

PART3
眼睛痠痛。

常覺得眼睛乾澀、痠痛，視力每況愈下嗎？

如果你平均 1 天上班時間超過 10 小時，

工作一直用眼，眼皮覺得很疲勞、

很想睡，常有酸澀問題，

小心！你的眼睛健康亮紅燈了。

眼睛常疲勞、酸澀？

你常盯著智慧型手機、平板電腦或電視螢幕，平均一天用眼時間超過 10 小時，眼睛不時感到疲勞、酸澀嗎？

科技發展日新月異，智慧型手機、平板電腦、電子書等 3C 產品已成為現代人必備用品，大多數人使用這類產品時，常是近距離、長時間使用，或是在晃動的交通工具上、躺在沙發或床上盯著螢幕一直看，由於看的太近又過於專注，導致眨眼次數減少，久而久之，眼睛容易乾燥、疲勞、紅腫，甚至會使威脅視力的眼疾年齡降低，出現視野變暗、模糊、缺損、扭曲變形等現象。

視力退化，不再是老年人專利

臺灣素有近視王國之稱，盛行族群為 16 ～ 18 歲，約有 84% 近視，近年來更是逐年下降。根據國民健康局的調查，國小一年級近視盛行率由 1986 年的 3%，增加到 2010 年的 21.5%，24 年來，近視比率已上升 7 倍，以往近視與看電視、閱讀有關，現在則跟近距離使用電腦、智慧型手機有關，因此呼籲家長不要讓孩子太早接觸近距離的耗費眼力行為，避免過早損傷視力。

不注意造成的高度近視，加上習慣近距離用眼，讓許多眼疾不再是老年人專利，開始出現在青壯年身上，一旦視力受損就難以回復，想保持雙眸明亮健康，從 30 歲起就要提防以下眼疾。

威脅 1 導致視野變形扭曲的黃斑部病變

　　三軍總醫院眼科部主任呂大文表示，隨著網路及科技發達，民眾使用電腦、平板電腦及智慧型手機的時間不斷拉長，用眼不當及缺乏休息的關係，使原本是老年人失明主因的黃斑部病變，出現在 30、40 歲的年輕人身上，眼科門診出現這種「眼睛過勞死」的案例屢見不鮮，通常是高度近視族群、電腦工程師、電玩達人等目不轉睛盯著電腦螢幕的結果。

　　黃斑部是視網膜的中央部分，為感光細胞聚集處，掌管視覺的敏感度及清晰度，若非過度用眼，隨著年紀增長、黃斑部長期受光線照射，也會發生病變。根據統計，50 歲的發病率約在 5％，年齡愈大，發病率愈高，90 歲的病變機率已上升至 50％。

威脅 2 讓視野渾沌模糊的白內障

　　白內障原本好發於 55 歲以上，是中老年人常見的眼疾，但近年來眼科門診中，白內障患者的年齡已經下降到 30、40 歲，林口長庚醫院眼科部視網膜科醫師黃奕修指出，白內障與近視有很大的關聯性，而近視又與長時間近距離使用平板電腦、智慧型手機相關。每個月來看診的白內障患者，至少會有 1 ～ 2 名的年輕患者是要進行超音波乳化及植入人工水晶體手術。

　　白內障形成原因與眼球中的水晶體混濁、阻擋光線透過有關。水晶體位於眼球虹膜與玻璃體間，當光線通過角膜後，會經

水晶體折射，再將影像清晰呈現在視網膜上，與傳統相機的鏡頭會使光線聚焦在底片的情形一樣。原本水晶體是清澈透明，但隨著年齡增長，水晶體累積陽光照射的痕跡愈長，愈易形成混濁，讓視覺模糊，醫界甚至以「熟了」或「沒熟」做為要不要開白內障手術的術語，前者是指可開刀，後者是指不用開刀。

威脅3 全球致盲率第一的青光眼

高度近視是青光眼的好發族群，高度近視又近距離用眼者，稍一不慎，青光眼就會來報到。青光眼是全球不可逆致盲率第一名的眼疾，更令人頭痛的是，發病初期症狀不明顯，病人通常無從察覺，所以又稱「無聲視力殺手」，呂大文醫師呼籲，當發現靠近鼻翼附近的視野不夠清楚時，或有眼壓升高情形，就需赴醫院檢查，以利早期治療。

威脅4 讓人看來更老的老花眼

近年來眼科門診統計發現，原本是 40～45 歲才會出現的老花眼，已有下降到 35 歲的趨勢，呂大文醫師說明，目前門診最常見的老花年齡約在 37 歲，提早的原因不外乎長時間、近距離用眼看東西，或是過度遠、近距離使用眼力，導致眼睛調節能力下降，導致視力未老先衰。

相較於延誤治療會導致失明的黃斑部病變、白內障及青光

眼，老花眼對視力的危害沒那麼難以挽救，但有老花眼者，看遠的物體很清楚，近距離的看書、寫字倍感模糊，需戴上老花眼鏡才能改善，也會造成諸多生活不便。

每年 1 次 20 分鐘眼睛健檢
讓視力更有保障

在與大自然搏鬥的階段，眼睛的本能是以看遠為主，但在都市化形成以後，近距離看事物的機會早已大過眺望遠方，長時間用眼的結果，不僅使眼睛周圍肌肉僵硬、血液循環變差、睫狀肌調焦能力變弱，還會有泛紅、出現血絲、頭痛等症狀。

以往過度用眼常是因為電視看太長、電動玩具打太久、讀書讀太久，如今更增加了盯著電腦螢幕工作、瞪著手機小螢幕搜尋資料等，長時間用眼以致眼睛累出病來。

眼睛是靈魂之窗，請隨時自我檢查，以便早期發現影響視力障礙的危險因子，並及早為眼睛健康把關。呂大文醫師建議 40 歲以上的人，要將每年的生日定為視力健康檢查日，檢查項目包括視力、眼壓及眼底視神經，每年只要撥出 15 ～ 20 分鐘做視力檢查，眼睛健康將更有保障。

感謝林口長庚醫院眼科部主治醫師黃奕修審稿

（採訪整理／梁雲芳）

7 招搞定眼睛乾澀

常覺得眼睛乾澀、痠痛，視力每況愈下嗎？別讓工作壞了你的靈魂之窗，最有效的護眼情報一次給你。

佩君每天都埋首在電腦前處理企劃，原本就有近千度近視的她，常常感覺眼睛痠痛、漸漸看東西愈來愈模糊，還不時出現閃電光影，原本以為只是近視度數加深，有一天突然一大塊範圍看不見，就醫才發現竟已視網膜剝離。

奧斯卡眼科診所所長張正忠醫師表示，視網膜如同不能更換的底片，由於感光細胞是高度分化的細胞、無法再生，因此本來就有一定的使用年限，現代人高度近視比例高，使得視網膜、黃斑部退化提早發生，這種高危險群又長期使用電腦等 3C 產品，等於在短時間內強力開機，讓照相頻率快速增加，會損及原本散熱的脈絡膜，當「底片」過熱就可能造成病變。

避免眼睛痠痛 3 陷阱

多數電腦族最常見的問題是眼睛痠痛、乾澀，馬偕醫院眼科主治醫師莊怡群分析有 3 大原因：

1. **過於專注減少眨眼次數，使得眼睛過乾造成角膜破皮**：特別常見於乾眼症患者。

2. **眼鏡度數有問題**：許多人為了看遠清楚，眼鏡的度數都配超過，當盯著屬於中距離的電腦螢幕，不正確的度數增加眼睛負擔，便造成眼睛痠痛。

3. **老花眼產生**：由於眼睛自動調焦功能變差，眼睛睫狀肌需要更費力緊縮。

　　除了痠痛，電腦族用眼過度時，還可能突然感覺眼前模糊，這是因長時間專注看電腦，眼睛正常眨眼次數減少，角膜過乾造成點狀破損，因此眼睛透光度會變差，通常稍做休息並點人工淚液濕潤眼睛，即可改善。

　　然而，有些乾眼問題即使點人工淚液仍無法好轉，張正忠醫師指出，特別是中年女性要注意可能是乾燥症引起，不只眼睛乾，全身黏膜分泌都會減少，因此也容易口乾舌燥，這類患者就需要到風濕免疫科，才能對症治療。

7 招舒緩眼睛疲勞

　　眼睛痠痛雖然不是大毛病，但往往讓人感到困擾及不舒服，而電腦又是現代人不得不使用的工具，該怎麼緩解痠痛感？兩位醫師提供以下 7 點建議：

1. **訊號性訓練眨眼**：規定自己處理電腦文書時，看到「標點」或中文字「的」，就眨一下眼睛，尤其動過雷射手術或戴隱

形眼鏡者，角膜神經比較不敏感，更要透過此訓練強迫自己多眨眼來濕潤眼睛。

2. **望遠凝視**：看近物時，眼睛睫狀肌非常緊縮，因此需要透過望遠讓睫狀肌放鬆，建議在中、遠距離處貼個小貼紙，休息時凝視著直到看清楚為止，調節眼睛焦距。

3. **避免眼睛缺水**：除了多眨眼，也應避免坐在冷氣風口處，否則易形成功能性乾眼症；隨時補充水分，半天至少喝 500 cc；眼睛若感覺乾澀，應點人工淚液。

4. **做動眼操**：讓眼睛上下左右運動，也可趁此休息空檔，順便伸展身體。

5. **熱敷**：時間 5 ～ 10 分鐘，可搭配按摩。

6. **定時休息**：工作半小時就讓眼睛稍微休息，可避免長時間耗用造成的不適。

7. **多看綠色**：綠色位於可見光的光譜中間，不像紅光與紫光位於兩極，看久了會增加眼睛負荷，因此多看綠色有調節視力的作用。

隱形眼鏡族不可不慎的
使用 5 技巧

不少上班族眼睛不適與隱形眼鏡有關，莊怡群醫師提醒使用上注意以下細節：

1. 選購知名廠牌、高透氧、高含水的隱形眼鏡鏡片。

2. 如果是長戴型隱形眼鏡，使用後必須澈底搓洗清潔。

3. 如果是日拋或週拋型隱形眼鏡，該丟時就要丟，不能擅自延長使用時間。

4. 有些人配戴後感覺眼睛癢，若排除清潔不當等因素，可能是對藥水成分過敏，不妨更換藥水。

5. 隱形眼鏡不能斷斷續續戴，其直接包覆角膜，必須讓角膜逐漸適應。如果預定某一天需戴 8 小時，應從前幾天開始準備，以每日 2 小時、4 小時、6 小時慢慢增加使用時間，否則易導致角膜缺氧而不適。

磨損的鏡片、變形的鏡框
眼鏡族清晰視野的大敵

　　眼鏡族雖然不像隱形眼鏡族，有那麼多會造成眼睛敏感或不適的因子，但要注意眼鏡度數是否適合自己，即使視力維持不變，也要定期更換磨損的鏡片。

　　另外，要注意鏡框是否變形，否則大腦會為了適應歪掉的眼鏡所造成的稜鏡效應，而產生斜視。

　　一般人 40 歲後開始有老花眼的問題，不過張正忠醫師指出，老花眼鏡的需求因人而異：有些人以看中、近距離為主，遠距離不強求那麼精準，因此眼鏡度數可能稍微調降；有些人不論遠近都要看清楚，就需配兩副眼鏡，或使用多焦點鏡片；也有人兩眼鏡片調整成一隻眼看遠、一隻眼看近。

吃什麼「顧目揪」？

馬偕醫院眼科主治醫師莊怡群表示，葉黃素、B 群、Omega-3 對眼睛健康有幫助，市售許多眼睛保養品也以這些成分為主，不過為了吃得有保障，她建議仍應確認來源與品牌，最好不要從第四台或網路購買。

食物中也可攝取這些營養素，比如枸杞、蛋黃、深色蔬菜含有葉黃素；B 群主要來自肉類、鮪魚、非精緻穀類；Omega-3 來自魚油、深海魚。

感謝馬偕醫院眼科主治醫師莊怡群審閱

（採訪整理／張雅雯）

測一測，你的眼睛是否健康？

　　如何知道自己的眼睛出現問題？以下 11 點供上班族自我檢測，若有以下症狀，請盡速就醫，挽救靈魂之窗。

1. 平均 **1** 天用眼時間超過 **10** 小時。

2. 經常感覺到沉重的壓力。

3. 眼皮常覺得很疲勞、很想睡。

4. 常有酸澀問題。

　　說明：以上屬於眼睛疲勞症狀，若有以上問題，可至眼科門診檢查，眼科醫師可進行「雙眼視覺」、「眼調焦測量」檢查，以了解視力出了哪一類問題。

5. 有突發性流淚問題。

6. 眼睛有刺激感。

7. 配戴隱形眼鏡超過 **8** 小時以後，會有異物感。

　　說明：以上屬於「眼睛表層」症狀，若以上問題持續發生，要立即就醫治療。

8. 視力出現模糊。

9. 眼睛對焦情況出現緩慢。

10. 看報紙、看書看不清楚。

說明：以上屬於「視覺」症狀，若有以上問題，可至眼科門診檢查，眼科醫師可進行「視力矯正測量」、「雙眼視覺」、「眼調焦測量」檢查，以了解視力出了哪一類問題。

11. 常有肩膀、脖子、頭痛毛病。

說明：以上屬於「眼外」症狀，若有以上問題，可至眼科門診檢查，有可能是老花眼或長期近距離看事物所引起，眼科醫師會建議配戴老花眼鏡或調整電腦距離、角度，來改善眼外的症狀。

參考資料／根據 Survey of Ophthalmology 2005,50(3):253 研究彙整而成。

（資料整理／梁雲芳）

PART4
牙痛。

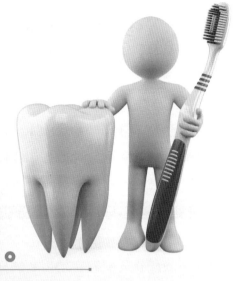

牙酸軟、牙痛、刷牙流血、口臭等口腔小毛病，

經常被忽略，卻每分每秒發送著牙疾的訊息，

不放過任何一個細節，

才能阻斷牙疾掏空荷包的詭計。

不要輕忽牙痛
出血、口臭是牙周炎的警訊

　　牙酸軟、牙痛、刷牙流血、口臭等看似小毛病的現象，往往是嚴重牙病的警訊，提醒您口腔健康出狀況了！

牙酸痛，當心牙齦萎縮與牙髓炎

　　牙齒酸軟先要確定是否為蛀牙，臺大一般牙科主治醫師楊湘指出，當蛀牙穿透琺瑯質到達牙本質時，牙齒便有酸酸的感覺，對冷熱敏感。牙齒酸軟也可能因為牙齦萎縮、牙根暴露，或齒頸部磨耗而造成。

　　齒頸部磨耗是因橫向刷牙過猛，使得牙齒側面形成凹洞，患者應減輕刷牙的力道。至於抗敏感牙膏的效果，三總牙科部主任傅鍔認為尚無定論；楊湘則解釋，抗酸軟牙膏含氟粒子，會堵塞牙本質小管，讓其對液體的壓力變化較不敏感，其他的化學成分則可降低神經傳導，但有蛀牙時，感覺也較不明顯，建議經醫師診斷後再使用。

　　突然的牙痛，找醫生最好；若暫時無法就醫，可先刷淨蛀牙處；若仍無法止痛，可先吃普拿疼類的止痛藥。北醫牙周病醫學科主任呂炫堃提醒，當蛀牙發展到牙髓炎或牙周疼痛時需快就診，以免感染結締組織和骨頭，引起骨髓炎或蜂窩性組織炎。

為何刷牙時會流血？

　　當髒東西堆積在牙齦旁邊，易刺激牙齦發炎充血，使刷牙時易出血。對此，許多人常不以為意，呂炫堃分析，刷牙流血是目前慢性牙齦炎或牙周炎唯一最早的自覺症狀，需接受專業的治療。若是初期的牙齦炎，只要花 20 分鐘，將牙齒仔細刷乾淨，並配合牙線及牙間刷，很快就可改善，且不會牙齦萎縮。

　　有些人因為出血，而不敢刷牙，使得牙齦愈變愈髒，陷入惡性循環。楊湘說明，除少部分血友病或凝血功能障礙的人，大多數牙齦流血是刷不乾淨所致，需特別刷洗並搭配牙線清潔。

　　傅鍔表示，「等到口臭，其實已經很嚴重了。」呂炫堃則指出，大部分口臭與牙周病有關，牙周囊袋的細菌分解代謝物後，產生的味道與腐蛋很像，但多數人不自覺，建議尋求專業的意見。

　　徹底清潔牙齒是解決牙齒問題最重要的方法，這包含了刷牙、使用牙線、牙間刷及給醫師洗牙。睡前一定要徹底清潔，潔牙做得好，1 ～ 2 年只需洗牙一次；做得不好，2、3 個月就容易產生牙結石而需要清洗。牙齒問題可大可小，注意平日口腔保健並定期看牙，才不會被「小」毛病給打敗！

（採訪整理／李松齡）

牙齦出血，要不要就醫？

　　你曾有刷牙刷到一半，牙膏泡沫裡摻雜著紅色血絲，或沒來由地嘴裡吃到一股血味，卻沒痛感的經驗嗎？以上都是牙齦出血時可能遇到的情況，這只是單純的牙齒毛病，還是隱藏更大的身體危機？

　　30 多歲的友慶，擁有一口好牙，每半年都會定期看牙醫一次。日前，他發現牙齦出血，完全沒有紅腫、疼痛或不舒服感，血流量卻如口水般。經檢查後發現罹患造釉細胞瘤，在 X 光下，左下顎骨髓已空了一半。

　　牙齦出血看似無關痛癢的小毛病，也可能演變成大問題。像友慶因牙齦出血才證實罹患腫瘤，這代表「牙齦出血可能是腫瘤疾病的前期徵兆」，也可能是身體發出的警訊。

牙齦出血是大病前兆？

　　新光醫院牙周病科主任林世榮表示，高達99％的牙齦出血，問題出在口腔，民眾無須過度擔心。屬於口腔簡單疾病造成的出血，初期牙齦呈紅腫的暗紅色，外力稍微觸碰就會流血，即使是嚴重的牙周病，也不太有痛覺，很多病人以為是火氣大。

　　牙周炎、牙周病的出血量，與發炎程度有關，會合併口臭、疼痛和牙齒敏感。初期流血量不多，可能刷幾次才流一次血，若

每次刷牙都出血，表示牙周病已相當嚴重。臨床上就有十幾歲的小孩，一刷牙就流血，罹患年輕型的牙周病。

新光醫院血液腫瘤科主治醫師林家義提醒，排除牙周病或其他因子，仍有出血現象，就要檢查出血的時間點。發生在刷牙、用牙籤、牙線潔牙時，屬於牙齦腫脹發炎，此外，藥物導致的可能性也很大，如高血壓用藥 Nifidepine、精神科用藥 Phenytoin、免疫製劑 cyctosporin 等，會使血液流量加速、牙齦處血管膨脹，潔牙時便容易流血。

嘴裡常有血腥味
先找牙科報到

若是突然地自然出血則較危險，須警覺是否為凝血因子功能異常、腫瘤、血癌、維他命 C 缺乏（壞血症）等身體系統疾病。這類牙齦出血的方式，通常血量多，流得滿嘴都是，還以為口水變多了，吞口水時常有血絲的腥味，如登革熱引起的牙齦出血。

嚴重腸病毒也會造成牙齦出血。病毒感染中，以愛滋病、黃熱病最容易觀察到牙齦出血。另外，全身性過敏反應太嚴重，凝血功能失調，也會使牙齦腫脹，因外力碰觸而流血。

要注意的是，白血病的初期症狀有的牙齦會變厚，血流一點點，常被誤認為是牙周病，且牙周附近很健康。如果口腔很健康，卻突然出血，民眾可掌握一個原則：只要牙齦一出血，先到牙科診斷，確定問題出在哪裡，才能有效預防。

牙齦出血沒有好發年齡。懷孕婦女會出現牙齦出血，是因女性荷爾蒙改變，導致血管擴張，表現在口腔就易牙齦出血，荷爾蒙也會減少牙菌斑抑制功能，這也是為什麼醫師提醒懷孕婦女應先處理牙周病，避免牙周病菌感染胎中寶寶，提高早產機率。

不痛就不管它
當心走向掉牙不歸路

林世榮說，牙周病屬於一種動態平衡，狀況時好時壞。多數民眾都以「痛或不痛」，當作牙齒有無問題的指標，即使流血也不在乎，這就是牙周病難纏的地方。因牙周病可能不會痛，殺傷力卻很強，病程發展因人而異，有的人幾年內就齒搖，有的人長達十幾年才感覺異樣，所以，牙周病堪稱牙齒的隱形殺手。

而牙周病造成的牙齦出血，多表現在牙齦和牙根的接縫處。當反覆性發炎時，牙齦、齒槽骨附近會漸漸被破壞，牙縫變大，食物卡在牙縫間，細菌增生侵蝕齒槽骨，造成骨頭流失露出牙根，牙周囊袋變深堆積更多穢物，緊接著出血化膿，最後牙齒搖搖欲墜，走向掉牙的不歸路。

牙齦這樣出血，該看哪一科？

當牙齦出血時，可先參考以下4點，再決定下一步要怎麼做。若是經常性、輕微出血、有明顯牙齒疾病或牙齦附近有硬塊，可

先至牙科看診。若出血情形嚴重，或出現第 4 點所描述的血液系統症狀，就需看內科或血液腫瘤科。

1. 觀察牙齦是否腫、痛或發炎？附近有無腫瘤？

2. 判定出血的嚴重性，每次刷牙就流血或偶爾流血？

3. 觀察血流時間，是流一下就停？還是流很久，如五分鐘才停止？

4. 有無出現血液病相關的症狀，如皮膚有出血點、紫斑症、女性大量月經；有無伴隨貧血？臉色蒼白、心悸、無力感等？一年內感冒次數超過 3 ～ 4 次，且發燒不退？

（採訪整理／康以玫）

口臭，與身體什麼疾病有關？

「這麼勤快噴口氣芳香劑，為什麼口臭仍揮之不去？」，「有人說口臭是因為肝火旺，可是吃了一堆降肝火食物，為何沒改善？」，與其四處尋求偏方，不如找出造成口臭的主因，並對症處理。

46 歲的志豪長期受口臭困擾，也因這問題，使他的人際關係大受影響。雖然試過很多偏方，也花錢吃中藥仍不見成效。後來，在家人勸說下，他勉強到牙科門診接受檢查，原來志豪是 25 年菸齡的老菸槍，加上本身患有牙周病卻遲遲不肯就醫，因而導致口臭，所幸經過治療已改善許多，不過，因為搞不清楚口臭發生的原因，可讓他吃足苦頭。

易引發口臭的 4 大疾病

過去，人們總以為會口臭，是刷牙不夠勤快。隨著醫學日漸發達，開始瞭解造成口臭的原因很多，臺北市立萬芳醫院牙周病科主治醫師黃培琪表示，雖然 80％的口臭是因為口腔問題，像蛀牙、舌苔造成；但仍有 15 ～ 20％是因身體狀況不佳導致，像糖尿病患常出現爛蘋果味或酮味的口氣；長期便祕者也易有口臭發生。因此，與其尋求偏方，或靠漱口水、口氣芳香劑來尋求短暫的解決，不如先搞清楚口臭的原因，才不會白忙一場，卻不見

效果。

　　由於腸胃、肝硬化、新陳代謝、荷爾蒙分泌等問題也可能導致口臭，怎麼做能徹底根治？臺北市立聯合醫院陽明院區牙科主治醫師林滄溢、前臺安醫院營養師鄭雅分，共同針對幾種導致口臭的原因提出解決之道。

引爆口臭 1 口腔疾病

　　林滄溢表示，若出現口臭，第一步應先至牙醫診所檢查是否為口腔疾病造成，若確定不是，再由醫生建議轉往其他科別做更深入的病因檢查。

　　一般而言，會引起口臭的口腔問題多為蛀牙、牙周病、口腔清潔不夠徹底、口乾症、口腔多處潰瘍等。其中較特別的是，口乾症多好發於年長者，因為唾液分泌變少，使口腔內的細菌不易被唾液沖刷而形成口臭。另外，女性更年期受荷爾蒙改變的影響，也會引起口乾症。前臺安醫院營養師鄭雅分表示，若發生這種狀況，建議婦女可多攝取黃豆製品，以增加體內的異黃酮素，有助於減少因荷爾蒙缺乏而產生的口臭，不過，她提醒，「切忌不要攝取過多油煎、油炸豆製品，也不要攝取萃取後的異黃酮萃取錠。」

　　另外，口腔多處潰瘍也易形成口臭。林滄溢說明，口腔易潰瘍多半是個人體質所致，但也可能是腫瘤或其它病因引起。若只是單純因體質引發口腔潰瘍，只要按時塗抹醫生開的藥膏至傷口

痊癒，即可改善。

　　從營養學的角度來看，鄭雅分指出，會造成口腔潰瘍，多半是缺乏維生素 B 群。維生素 B 群屬於水溶性，身體很快就能代謝，她建議每天攝取 5 份以上的蔬果，增加體內維生素 B 群的含量，以降低口腔潰瘍的機率。

引爆口臭 2　氣管疾病

　　易引發口臭的氣管問題包括：慢性支氣管炎、支氣管腫瘤等，鄭雅分表示，除了治療，平日應多攝取像胡蘿蔔、柑橘類水果、小麥胚芽等富含維生素 C、E 及 β 胡蘿蔔素的抗氧化食物，以改善症狀。

引爆口臭 3　腸胃道疾病

　　想改善口臭，腸胃道疾病也不容忽視。常見的狀況有反胃性食道炎、幽門螺旋桿菌感染、腸胃脹氣等。以反胃性食道炎患者為例，因為胃酸逆流，造成口腔內難聞的酸味，鄭雅分認為，除了尋求治療，患者最好將飲食習慣改為少量多餐、減少甜食及辛辣刺激性食物，更要避免在用餐時飲用湯水。

　　至於幽門螺旋桿菌感染，主要是飲食作息不正常或相互傳染所致。除了對症治療、調整作息，最好養成使用公筷母匙的習慣，減少相互傳染的機會。

　　另外，腸胃脹氣也會引發打嗝現象，打嗝的同時，也將腸胃中不好的氣體傳送至口腔而引起口臭。易脹氣者在重要場合應避免食用花椰菜、豆類、地瓜等易產生氣體的食物。

引爆口臭4▶ 新陳代謝疾病

　　新陳代謝疾病也常是造成口臭難以消去的元凶之一，其中最常見的就是糖尿病。由於糖尿病患者的血液裡，糖分比一般人高出許多，相對的，也易造成細菌滋生，進而併發蛀牙、牙周病等口腔問題而導致口臭。再者，患者本身血糖太高，代謝時會產生像爛蘋果味或酮味等難聞氣味。想改善口氣，必須從源頭做起，控制血糖，即可有效改善這些情況。

若非口腔問題造成口臭
盡速至其他科詳細檢查

　　雖然市面上隨處可見標榜長時間維持口氣清新的產品，不過，這只是短時間對付口臭的應急工具，治標不治本，最重要是找出引發的原因並進行治療，才能真正改善。另外，林滄溢也建議，「可隨身攜帶牙刷，在用完餐時隨時刷牙、漱口，保持口腔清潔。」若確定不是口腔問題而造成口臭，應盡速至其它門診做進一步的檢查，並瞭解身體狀況，這才是斷絕口臭的根本方法。

感謝前臺安醫院營養師鄭雅分審閱 （採訪整理／林佑珊、蔡睿榮）

4 方法，檢查口氣是否清新

方法 1 ▶

以手掩住口鼻，呼氣至手心，聞手心是否有異味。使用此法前，需先以清水將手洗淨，以免手上原本的氣味影響測試結果。

方法 2 ▶

舔舐手背，待口水稍乾後聞手背是否有異味。

方法 3 ▶

吐一小口口水至紙杯後，聞是否有異味。

方法 4 ▶

以湯匙刮舌背，或用牙籤刮齒縫的牙菌斑，測試是否有異味。

（採訪整理／林佑珊、蔡睿榮）

引發壞口氣的常見原因

	造成口臭原因	診治科別
1. 牙齒部位	1. 蛀牙 2. 牙髓壞死 3. 食物塞牙縫 4. 活動假牙未清洗乾淨	牙科
2. 牙周組織	1. 牙齦炎 2. 牙周病 3. 阻生牙 4. 口乾症（多好發於年長者） 5. 口腔多處潰瘍 　（須注意是否有腫瘤生成）	牙科
3. 氣管及肺部	1. 慢性支氣管炎 2. 支氣管腫瘤 3. 細支氣管擴張症	胸腔內科
4. 腸胃道	1. 反胃性食道炎（胃酸逆流） 2. 幽門螺旋桿菌感染 3. 腸胃脹氣	腸胃科
5. 肝臟	肝硬化	肝膽腸胃科
6. 腎臟	腎功能不全	腎臟內科
7. 全身性代謝障礙病症	1. 糖尿病 2. 三甲基氨尿 3. 絕食	新陳代謝科
8. 荷爾蒙分泌	女性排卵期與近月經期	婦產科或 新陳代謝科

（採訪整理／林佑珊、蔡睿縈）

不想口臭，如何擁有好「口氣」？

40 多歲的零售業老闆昱銓，平日應酬多，菸酒不離手，日積月累下，齒垢、牙結石沉積在齒間，一開口就滿室生「臭」，臭得人人掩鼻竄逃，連帶影響生意和人際，為了解決惱人的口臭問題，他只好求助牙醫。

牙醫師發現，他整口牙齒無異於垃圾掩埋場，食物殘渣嵌埋牙根，牙齦持續發膿，飄出陣陣惡臭。為了重建口腔的健康狀態，牙醫師足足花 3 個月時間，從最基本的「刷牙教育」，並研商 5 年時間進行全口牙周精緻手術，估算治療費用高達百萬元。

口腔衛生不及格
臭味就上門

談到口臭，生理的問題不大，卻大大影響心理和人際關係。臺大醫院牙周病科兼任主治醫師蕭孝德便觀察到，臨床因口臭來求診的病人，近來有攀升趨勢。到底口臭是怎麼產生的？始作俑者就是「口腔細菌」，臨床統計 80 ～ 90％的口臭病例，問題出自口腔衛生不及格和飲食生活習慣不良。

昱銓正是典型的例子，他長時間疏忽口腔清潔，沒有定期檢查牙齒外，三餐飯後也常忘了刷牙，又不用牙線補強潔牙，加上抽菸、喝酒，潮濕溫熱的口腔變成細菌大溫床，必然會產生口臭。

也有病人掛診，嘴一張，陣陣腐屍味散出來，結果醫生在病人補綴過的牙縫處，挑出一小塊肉片，腐敗的小肉片造成口腔怪味四溢，此時，病人的牙齦早發炎、腫脹。

而經常抽菸的人，尼古丁殘留口腔內，氣味本來就不好，加上抽菸會減少唾液流量，也會導致味蕾變長，舌頭成為毛髮般的髮狀舌，食物殘屑易堆積其上，用餐後若未及時清潔，時間一久，免不了口臭。

人人都懊惱的起床口氣味，原因在於夜間口水分泌量較少，前一天殘留在牙縫的食物殘渣，混合口腔上皮脫落的細胞，滯留在口腔內，經過一夜發酵，自然散發出怪味道；如果睡覺時有張口呼吸的習慣，口腔黏膜過於乾燥，症狀會更明顯。

細菌滋生
舌頭也發臭？

口腔內若有牙周病、口腔潰爛、智齒周圍發炎等病菌感染時，也會形成腥臭味。

牙周病之所以出現口臭，是因牙周囊袋易堆積髒物，細菌感染讓殘渣腐爛，導致細牙床骨滋生細菌或微生物，如果又怕痛而不敢刷牙、看牙醫的話，口臭情況會更嚴重。

此外，舌頭比牙齒還「臭」。因舌頭表面粗糙，舌乳突因角質化凹凸不平，細菌、食物殘渣和上皮脫落細胞混合物易堆積在舌面，儼然成為細菌的藏身處。如同廚房油垢要定期清理一樣，

平常即需清潔舌苔。

刷舌苔的技巧，有哪些？使用舌苔刷或一般牙刷皆可，採垂直方向刷下來，力量適中，直到白膜清除掉、露出粉紅色澤即可。約1、2天刷一次，每次刷30秒到1分鐘，舌根部纖維處最易累積牙菌斑，刷的時候小心有嘔吐感。有些人會嘗試用湯匙刮除舌苔，為了避免過度用力而刮傷，建議不要使用。

不想臭氣熏人
相信「刷牙」的威力

為了打擊口臭的擾人問題，坊間宣傳可說是各顯神通，種類琳瑯滿目，價格有高貴、有平價，但這些方法有效嗎？牙醫師強調，治療口臭沒有不二法門，最簡單的方法就是「刷牙」。

排除其他疾病因素，若問題單純在口腔，蕭孝德保證，「乖乖刷牙，方法正確，刷幾次後，口臭就會自動消失。」

有民眾偏愛標榜功效特殊的高貴牙刷，以為能輕鬆除掉牙菌斑和口臭。蕭孝德醫師提醒，商人在商言商，高貴牙齒刷出來的效果未必好，若不懂得正確刷牙方式，刷錯位置，用再好的牙刷也沒有用。

且光靠牙刷，沒有搭配牙線，口腔死角內的殘渣一樣清不掉，恐怕連使用漱口水也無法完全去除口臭。所以要除口臭，雙手勤勞最重要，學習正確的刷牙方法和使用牙線或牙間刷，才能確保齒頰留香。

口香糖、漱口水、噴霧劑
給你「好口氣」？

現代人出門在外，公務私務繁多，口香糖、漱口水或噴霧劑成了必備隨身物品。這些應付場合所衍生出的神奇清潔口臭物品，蕭孝德提醒，事實上是靠香精味道暫時掩蓋住臭味，無法徹底清除食物殘渣發酵後的臭味。

漱口水雖能抑制牙菌斑，相對也會殺死好的細菌，破壞口腔健康環境，等於是兩敗俱傷。他建議，漱口水絕非常規性工具，天天使用反而會讓色素沉積在牙齒表面，造成牙齒變色。漱口水的使用時機，主要是在口腔傷口需護理的時候。

而食用氣味重的辛辣食物，如洋蔥、大蒜，或接觸菸品等含有硫化物等揮發性物質，這些成分會經由腸道吸收後進入血液循環，到肺部進行氣體交換，呼吐氣時，異味會經由口鼻溢出來。在這樣的原理下，想保持口氣清新，需與人近距離接觸前，應盡量避開上述物品，因短時間內靠刷牙、嚼口香糖或喝茶等方法，仍難以完全消除臭味。

總而言之，除口臭沒有特殊的法寶，得乖乖從清潔口腔做起，正確潔牙1、2個月之後，想跟口臭說拜拜，一點都不難。倘若味道尚未消除，也無其他口腔疾病的話，就得考慮到內科就診，檢查是否有全身性問題。

（採訪整理／康以玫）

除臭三劍客：牙刷、牙間刷、牙線

　　所謂的刷牙，不是只有刷「牙」而已！牙刷的正確位置要擺在牙齒和牙肉的交接處，該處最易堆藏髒東西。刷毛要一半接觸牙齒，一半接觸牙肉，呈 45 度角，一半刷牙齒，一半刷牙肉軟組織，才能確實把牙菌斑清乾淨。

　　以 3 ～ 4 顆牙齒為一個刷牙段落，每段落刷 8 ～ 10 下，力道適度即可。刷完牙後，可用手摸牙齒表面，若滑滑的，代表沒刷乾淨，刷乾淨的觸感像摸磁磚表面，有點乾乾澀澀的感覺。

　　至於牙線要在刷牙前或刷牙後使用？端賴個人習慣，建議刷牙前使用較好。牙縫大的民眾需配合牙間刷。想防口臭，牙間刷很重要，它能解決牙刷無法深入的部位，徹底清除食物殘渣。牙間刷的尺寸和刷毛軟硬度，根據齒列、牙縫大小、牙齒之間的緊密度，共有 5 ～ 6 種尺寸，又分居家護理型和攜帶型，可詢問牙醫師後再購買。

　　牙線的使用方法，要配合牙齒的弧度，繞成 C 字型上下來回摩擦。使用時，輕輕深入牙肉與牙齒連接處的空隙，該處也是牙結石最多的地方。民眾不用擔心會痛或出血，健康的牙齒在這種動作下，是不會出血的，若流血，代表牙肉有發炎現象，或剔牙時傷到。

（採訪整理／康以玫）

PART5
胃痛。

一般胃不舒服，痛的部位會在「上腹部」，

也就是肚臍以上、肋骨以下的位置，

你可以觀察這樣的疼痛，

是常出現在用餐之前或用餐之後。

只要進食時間不定、壓力過大，

都是胃、十二指腸疾病的高危險群，

該如何戒掉壞習慣，保胃保健康？

誰是「消化疾病」的高危險群？

現代人工作壓力大、工時長，許多上消化道疾病像是常見的五大疾病：胃食道逆流、慢性胃炎、胃糜爛、胃潰瘍、十二指腸潰瘍的人愈來愈多，尤其像工程師、醫護人員、記者、辦公室上班族、空姐、藍領階級、司機快遞人員、記者媒體等行業都是高危險群。

長期被壓力追著跑
易有消化問題

新店慈濟醫院肝膽腸胃科主任兼檢查室主任王嘉齊表示，只要進食時間不定、壓力過大，都是胃、十二指腸疾病的高危險群。這些人常會忘記吃飯時間，或是工作壓力導致吃飯氣氛差，吃得快、吃得隨性。「心情好壞可以透過大腦、內分泌和自主神經系統的交感和副交感神經而改變胃腸的蠕動和消化液的分泌。」長期處於壓力狀態的人，不僅食不知味，也較易罹患消化道疾病。

（採訪整理／吳皆德）

5 大常見消化道疾病
你深受其害嗎？

　　長期承受工作壓力、生活步調過於緊湊及作息不正常的上班族，經常會面臨胃痛的困擾與各種消化道疾病。愛喝咖啡、睡前愛吃東西的睿瑤，某天晚上睡一睡，突然感到口腔裡有酸酸的液體、胸口灼熱，此情況持續了一星期，最後因影響睡眠而就醫。醫師說她得了胃食道逆流，要她以後吃東西只能吃七分飽、少吃咖啡、茶、辛辣等刺激食物，更重要的是吃完東西絕對不能平躺，不然胃酸逆流的症狀會更嚴重。睿瑤聽完，不敢心存僥倖，當下就把喝一半的咖啡給丟了。

　　一般胃會有毛病，痛的部位是「上腹部」，也就是肚臍以上、肋骨以下的位置。個人可觀察這樣的疼痛，是常出現在用餐之前或之後。以下為常見的 5 大消化道疾病症狀：

1. 胃食道逆流

　　是現代社會越來越常見的疾病，臨床上認為，是因連接食道和胃部的賁門關不緊，胃酸逆流所致。最明顯的症狀是胸口灼熱或感覺上腹部灼熱，有人甚至還覺得胃酸會逆流到口腔。

　　醫師分析賁門關不緊與很多原因有關，像是年紀越大賁門越易老化，所以隨著年紀增長，發生胃食道逆流的機率就會增加。

其次，肥胖也是原因之一，因為腹部大，腹壓也較大，賁門較易打開。再者，睡覺前吃東西也是誘因，因為平躺與站著相比，賁門較易打開，讓胃酸逆流。此外，喝刺激性的飲品像是咖啡、茶、過大的壓力，也可能是誘因。

2. 慢性胃炎

　　表現出來的症狀是胃痛、胃酸過多、胃痙攣、胃抽筋等。慢性胃炎的診斷必須由醫師判定。此症在胃痛時立刻吞市售的胃藥，也不能緩解疼痛。

　　慢性胃炎雖然會自行痊癒，但醫師指出，現在治療胃病的藥物很好，對症治療會比自行痊癒快得多。

　　此症可能是壓力引起，也有人是長期吃止痛藥造成，另外，幽門螺旋桿菌也是原因之一。

3. 胃糜爛

　　俗稱胃破皮，比胃潰瘍輕微。主因是壓力、藥物或飲酒，導致胃黏膜被胃酸侵蝕而破皮。出現的症狀也是胃痛，感覺像胃抽筋、胃痙攣。

4. 胃潰瘍

主因是幽門螺旋桿菌導致胃部潰瘍。至於為何有幽門螺旋桿菌，目前醫學上還在討論，多半指向是飲食傳染所致。

其症狀和進食有關。病人多半在還沒進食前胃部就感覺不舒服，進食過後會明顯轉好，這是因為吃東西時，胃酸會用於消化食物，較不會刺激胃壁。但是也有些胃潰瘍的病人在進食前後均會感到疼痛。

除了幽門螺旋桿菌導致外，也有人是因為服用止痛藥或是阿斯匹靈，引發胃潰瘍。目前臨床上，胃潰瘍的病人已不像過去比例高，最常見的腸胃不適仍屬於功能性胃疾，像是胃食道逆流、消化不良等，占臨床比例約八成之多。

5. 十二指腸潰瘍

十二指腸是小腸最接近胃的部分，醫學上仍把它和胃同視為上消化道系統。十二指腸潰瘍和胃潰瘍一樣，大部分是因幽門螺旋桿菌所致，也有人因服藥導致潰瘍。

（採訪整理／吳皆德）

老吞胃藥救急
當心小疼痛變大毛病！

　　生活緊張壓力大，上班族情緒緊繃引發胃痛時，常吞胃藥救急！一旦胃不舒服已持續一段時間，甚至引發貧血、解黑便、嘔吐、體重減輕時，就是很大的警訊，一定要趕快就醫。

　　新店慈濟醫院肝膽腸胃科主任王嘉齊說，看腸胃科不一定要照胃鏡。病人就醫，醫生會先問診，大多數的病人可利用藥物來治療功能性胃病，若症狀減輕，就不需要做胃鏡；若已出現解黑便或半夜胃痛的症狀，通常要立刻照胃鏡。

　　「目前治療胃病的藥物療效都非常好，但治療胃病一半靠服藥，另一半必須靠病人改變飲食習慣，才能一勞永逸解決」。目前治療胃病常見的有制胃酸藥物（可阻斷、中和胃酸分泌）、治療幽門螺旋桿菌的三合一殺菌劑，還有目前療效很好的氫離子阻斷劑（可阻斷、中和胃酸分泌）。這些都可以即時治療症狀。目前上消化道的問題，約九成九都可靠這些藥物中和胃酸。

　　王嘉齊醫師說，胃病找醫師，還有一重要原因是醫師可以幫助確認除了胃部問題外，是不是有肝、膽的問題。因為很多病人是肝癌或是膽結石，但就醫時卻都說是胃痛，醫師可協助判定是否有其他肝膽問題，以期早期發現。

（採訪整理／吳皆德）

8 招遠離腸胃問題

上消化道系統的問題需要從飲食和生活習慣著手，掌握以下
8 個訣竅，就能幫助改善腸胃健康，遠離腸胃問題：

1. 吃東西定時定量，不要暴飲暴食、過餓或是過飽。

當然也不要吃得過於油膩，每餐飯保持在七、八分飽最好，吃東
西要細嚼慢嚥。

2. 避免吃刺激性食物，如烈酒、濃茶、咖啡及辛辣食品等。

如果個人長期喝濃茶並無不適，表示身體可以適應，也就不需要
太拘泥而不吃。

3. 蔬菜水果不可少，多吃白肉代替紅肉，適當補充奶製品。

一般來說，牛奶可以中和胃酸，但是牛奶中的鈣離子也會刺激胃
酸再次分泌，該不該喝，必須看個人的適應情況而定。

4. 注重早餐。

很多上班族不吃早餐，這對身體一天能量活動分配不利，最容易
傷胃。

5. 注意飲水和食物的衛生品質。

不吃被微生物或細菌污染的食物，尤其是煙燻、霉變食品。

6. 緊張工作之餘，少熬夜、多運動。

進食要保持心情愉悅，因為心情也會影響胃酸分泌多寡。我們的心情好壞可以透過大腦、內分泌和自主神經系統的交感和副交感神經，改變胃腸的蠕動和消化液的分泌。長期處於壓力狀態的人，不僅食不知味，也較易罹患消化道疾病。

7. 有胃食道逆流的人睡前不要進食。

因為平常站著，胃酸不會逆流，可是晚上一躺下，胃酸就會逆流到食道、口腔。睡前 3 小時不吃東西、枕頭高度稍微調高，高於 30 度，有助於改善胃食道逆流。.

8. 不吸菸及避免喝酒。

書田診所胃腸肝膽科主任王志堂表示，醫學文獻上已經證實吸菸和喝酒比較容易引發胃食道逆流。

（採訪整理／吳皆德）

戒掉 6 大壞習慣，保胃保健康

壞習慣 1》吃飯不規律

　　上班族每天工作時間太長、經常加班、忘記吃飯時間，再加上情緒不良，引起腎上腺激素分泌增多，使得胃黏膜的血液供應和胃酸分泌發生變化，易引起胃病。

壞習慣 2》生活不正常

　　很多上班族日子過得沉重，晚上 12 點照樣在工作，長期精神緊張，一到假日，睡到自然醒或是到夜店通宵達旦玩樂，生活型態極端，這類人通常十有八九胃都有問題。過度熬夜或承受壓力都會使胃酸分泌增加。

壞習慣 3》吃太多刺激性食物

　　菸、酒、咖啡等刺激性食品，是不少現代人應酬或過癮的仙丹，卻是胃腸道的毒藥，能免則免，不能免也要適可而止。咖啡因會刺激胃部，使胃酸大量分泌。醫學文獻也證實菸酒會傷害消化道，因此更要注意進食量。

壞習慣 4》愛去吃到飽的場合

胃消化食物約需 4 小時，如果不斷進食，胃的工作量大，而且隨時處於分泌胃酸的狀態，易引發消化功能的胃病，像是消化不良、急性胃炎等。

壞習慣 5》睡前吃東西

不要在餐後躺下或趴睡，臨睡前不要再吃東西。飯後最好坐直或散步 10 分鐘。尤其是會胃食道逆流的病人，如果不改變這個壞習慣，很難根治。

壞習慣 6》用餐狼吞虎嚥

很多上班族吃飯又猛又急，醫師指出，吃慢一點，細嚼慢嚥才能讓食物更易消化，狼吞虎嚥的戰鬥餐不僅失去進食的樂趣，也會增加胃腸的負擔。

（採訪整理／吳皆德）

胃脹氣好難過，怎麼搞定？

許多人常被胃脹氣困擾，雖沒有嚴重到要掛急診，但脹氣時整個人不舒服，不免坐立難安。其實，脹氣不僅是飲食出了問題，也可能是疾病產生的症狀，想搞定胃脹氣，看看中西醫給什麼好建議！

在航空公司擔任地勤人員的鈺庭每天處於緊張忙碌的狀態，午餐、晚餐常吃得很快很趕，雖然有時會感到腹部疼痛或胃脹，然而，忍過就沒事，她也不以為意。直到有天肚子劇烈疼痛，去看腸胃科，醫師竟說「胃已發炎」，她才驚覺之前輕忽脹氣這警訊，讓胃炎狀況不斷惡化。

究竟脹氣可能是哪些疾病的徵兆？脹氣時，如何減緩不適？腸胃不好的人，又該怎麼選擇食物？

胃脹氣原因多
謹慎檢查別輕忽

為何會胃脹氣？萬芳醫院中醫科醫師葉育韶強調，胃脹氣是一種症狀，不是一種病，如同造成發燒的原因很多。若胃脹氣持續 7 天以上，應先去腸胃科就診，如果問題不在腸胃，就另找別科診斷，例如：年齡高者，脹氣現象也許是心臟病引起；年輕人則多為飲食習慣或生活型態不良造成。

常有人以為胃脹氣是飲食不良造成，也抱持忍一下就好的心態，但葉育韶醫師說明，其實造成胃脹氣最常見的病症是「激躁性腸胃炎」，是腸胃失調的功能性腸胃病，此症狀會持續3個月，且女性人數多於男性。

另外，結石、胰臟發炎、腸阻塞患者，患有心臟疾病的年長者、消化道腫瘤和肝腫瘤等也會有脹氣情況，肝硬化患者也因腹水容易脹氣。平時多注意身體的變化，發覺異狀應及早就醫治療。

脹氣最愛哪些人？

1. 鼻子過敏、便祕者

鼻子過敏的人晚上睡覺時，會不自覺用嘴巴呼吸，而吞入較多空氣，造成胃脹氣；另外，睡眠品質不好的人也會影響隔天腸胃的運作，也易脹氣。臺北醫學大學附設醫院消化內科主治醫師暨超音波檢查室主任羅鴻源表示，鼻子過敏、便祕是脹氣的常見原因，這族群要多注意腸胃保養。

2. 乳糖不耐症者

食用乳製品像喝牛奶會腹瀉的人，可能患有乳糖不耐症，羅鴻源醫師解釋，這是因為人體消化系統缺少分解半乳糖的酵素，

使乳糖無法消化吸收、滯留腸道，因此，腸道細菌分解乳糖產生大量氣體，因而脹氣；再加上過量乳糖促使腸道高滲透壓，引發腹瀉。

　　建議輕度乳糖不耐症者，每天喝一點奶製品，慢慢訓練，讓腸道產生酵素，這樣能略為改善症狀；但要注意的是，若停喝奶製品，酵素又會消失。羅鴻源醫師也提醒，東方人腸胃普遍缺乏分解乳糖酵素，應多加留意。

3. 飲食習慣不良者

　　若因吃太快或吃太飽而不停打嗝；或明明吃很少，胃卻莫名脹氣等，可能要留意平時的飲食習慣。有可能食用易引發脹氣的食物，另外，吃太快、吃太飽、吃飯講話、甚至餓過頭、情緒緊張、嚼食口香糖等都會引發。

　　建議易脹氣者，飯後不要悶坐在椅子或沙發上，用餐後休息5～10分鐘，即可起身走動。餐後飲用一瓶含有益生菌的飲料，也助於預防脹氣。

4. 腫瘤或疾病

　　除了上述原因，羅鴻源醫師也特別指出，短期內體重迅速增加或減輕（半年內減輕原本體重的15％），或腹部莫名脹大，暗示身體也許隱藏某些腫瘤或疾病，應及早就醫以免延誤。

脹氣時 DIY 急救法

想排除脹氣，通常放屁、打嗝是最常見的生理反應，目的是讓腸胃蠕動恢復正常。葉育韶醫師建議，如果無法順利放屁、打嗝，千萬別硬逼自己，不妨起身緩慢走動，幫助刺激腸胃蠕動。他也強調，別因打不出嗝，就使用催吐方式，不僅違反生理反應，胃酸隨之向上，更易使食道灼傷。

另外，坊間流傳一天分 5 ～ 6 次進食可避免胃脹氣，羅鴻源醫師表示無此證據，此方法為胃病患者，像嚴重胃潰瘍、胃炎的人才需要採用。而一天吃 5 ～ 6 次餐的方法，是在早、午、晚餐中間穿插飲食，不過，不吃宵夜才是不二法門。

其實，想改善脹氣，最簡單的方法是記錄飲食習慣，及早找出脹氣原因，才能早日對症處理，揮別脹氣。

感謝萬芳醫院中醫科醫師葉育韶、北醫消化內科主治醫師羅鴻源審稿

（採訪整理／李天怡、蔡睿榮）

討厭！又脹氣
看一看是否吃到易脹氣食物

易脹氣食物 1 ▶ 豆類
悶煮 30 分鐘可破壞豆類的產氣功能。

易脹氣食物 2 ▶ 甜食
甜食容易刺激腸胃分泌胃酸，引發脹氣。

易脹氣食物 3 ▶ 糯米
太黏稠，易引起消化不良。萬芳醫院中醫科醫師葉育韶建議吃糯米
會脹氣者，不妨改吃糙米，其含有多種維生素群，較不易脹氣。

易脹氣食物 4 ▶ 碳酸飲料
當高糖的碳酸飲料進入體內時，會造成產氣更多、更快脹氣。

易脹氣食物 5 ▶ 高纖蔬菜
吃高麗菜、花椰菜、馬鈴薯、青椒、空心菜、洋蔥等高纖蔬菜時，
建議切短切細再食用，助於避免脹氣或便祕。

易脹氣食物 6 ▶ 高果糖類水果
像瓜類和柚子，都因果糖含量高，易使腸胃脹氣。

易脹氣食物 7 ▶ 海鮮等生冷食物
高過敏原者食用生冷或不新鮮的海鮮，易造成脹氣，最好食用加熱
過的新鮮海鮮。

易脹氣食物 8 ▶ 乳製品
患有乳糖不耐症患者飲用乳製品易產生腹脹和腹瀉。

怕脹氣 不妨選擇產氣量少的食物

1. 黑白芝麻，飯前食用還能避免便祕。
2. 歐芹（又稱巴西利、荷蘭芹、洋芫荽）、薑。
3. 牛蒡。
4. 薄荷茶。
5. 水果，如櫻桃、葡萄、香瓜。
6. 堅果。

4 妙招搞定脹氣

■ 迅速緩解法

妙招 1

以肚臍為中心，用搓熱的掌心順時針按摩整個腹部，可抹薄荷油，但嬰幼兒要小心使用。

妙招 2

按摩足三里穴。取穴法：正坐讓膝蓋垂直彎曲，在膝蓋外側有一凹陷處稱為外膝眼，將四指併攏，放外膝眼正下方，小指下方與小腿骨外側交界的凹陷處便是足三里穴。

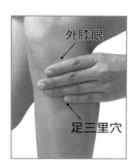
外膝眼
足三里穴

妙招 3

以右手握住左手虎口反覆揉壓 3 ～ 5 分鐘即可。

■ 平日保養法

妙招 4

將身體平躺、膝蓋彎曲、用雙手環抱小腿，盡量將大腿貼近肚子。此動作能有效幫助排氣，防止胃中的氣體堆積，建議每晚睡前可做一次，以保護腸胃。

自製按摩膏，解決惱人胃脹氣！

■ 健胃消脹按摩膏

材料
1. 中藥材：黨參、木香各 3 錢、麥冬 5 錢、白扁豆 1 兩。
2. 其他：凡士林 250 克、橄欖油 300CC、薑及薄荷精油各 10 滴。

作法
1. 將全部中藥材切成細塊或磨成粗粉備用。
2. 把凡士林加熱溶化後，倒入藥材攪拌均勻，熄火燜約 20 分鐘。
3. 再用中火，等煮滾後改小火，煎煮約 10 分鐘，加入中藥材粉拌勻，
　 即可過濾，稍涼再加入橄欖油、精油，凝固後即成按摩膏。

功效
消除胃脹；適用於腸胃不適者。

資料提供／莊雅慧中醫診所院長莊雅惠

（採訪整理／李天怡、蔡睿縈）

咖啡傷胃，改喝紅茶能健胃？

網路報導指出，「咖啡會刺激胃腸蠕動，喝太多恐傷胃，若想提神，可改喝紅茶，刺激性較小。」這說法可信嗎？

專家解析

衛生署署立新竹醫院腸胃科主治醫師孫宜禎表示，罪魁禍首是咖啡因，不管是喝黑咖啡、加了牛奶的拿鐵咖啡、紅茶或綠茶，所含的「茶鹼」，都會刺激下食道括約肌，引發胃食道逆流，胃腸蠕動不規則等。建議常會脹氣、拉肚子等腸胃不好的人，盡量不要喝含咖啡因的刺激性飲料，有輕微胃炎的人更要小心，至於腸胃健康者，也不宜空腹喝茶或咖啡。高雄長庚醫院營養治療科營養師廖嘉音也說：「最好飯後 30 分鐘再喝。」

廖嘉音提醒，一般人每天可吸收 200 ～ 300 毫克（約 3 杯煮泡咖啡）的咖啡因，一旦超過 400 毫克（4 杯），就會帶來負面效應。建議成年人每天咖啡攝取量應控制在以下範圍。

■**一般沖煮或即溶咖啡**：建議攝取量 2 ～ 3 杯（一杯 240CC）。
■**濃縮咖啡 Espresso**：建議攝取量 100 ～ 120CC。
■**卡布基諾或拿鐵**：建議攝取量 180 ～ 300CC。

（採訪整理／編輯部）

PART6
肚子痛。

如果肚臍周圍劇痛，

伴隨腸阻塞引起腹脹、噁心、嘔吐現象，

小心可能是急性胰臟炎。

急性胰臟炎不能輕忽，

最好直接掛急診就醫，立即診斷及治療。

肚臍周圍劇痛，到底怎麼了？

　　肝若不好，人生是黑白的；但胰臟若不好，全身五臟六腑都會隨之瘋狂。尤其是急性胰臟炎惡化到出血性壞死時，可能導致休克，死亡率高，連醫師都疲於奔命。

　　新聞曾報導一名 40 多歲的男性，因上腹部及背部疼痛難耐，連忙掛急診就醫，問診後得知他每天有喝 1 ～ 2 瓶各式酒類的習慣。經抽血檢查，男子被診斷出輕度急性胰臟炎，針對症狀給予止痛、禁食與點滴治療後，病情才獲得改善。

急性胰臟炎
最愛三大族群

　　急性胰臟炎好發於膽道結石患者、高血脂症患者及有飲酒習慣者，此三大高危險群要特別注意。

高危險群 1 ▶ 總膽管結石患者
　　臺北馬偕醫院肝膽腸胃科主治醫師朱正心表示，膽道結石會造成膽汁流通速度減緩，形成膽道內壓力增高，一旦超過胰管本身的壓力，膽汁便會逆流進入胰臟，活化胰臟消化酶，引發胰臟細胞自我消化的發炎，嚴重者甚至會有出血、壞死及休克現象，造成壞死性胰臟炎。

高危險群 2 ▶ 高血脂症患者

血清中的三酸甘油脂顯著升高時，超過每百毫升 800 ～ 1000 毫克時，可能會引發急性胰臟炎合併症，主要是血液太過黏稠，造成血管阻滯，形成微血栓，進而引起缺血性發炎。

高危險群 3 ▶ 有飲酒習慣者

酒中的乙醇會刺激促胰液素（secretin）及膽囊收縮素（CCK）的釋出，促使胰液分泌增加，易使胰液中的蛋白質栓子（mucoprotein plug）沉積在胰臟導管，阻塞胰管，導致急性胰臟炎。

另外，外在的撞擊創傷、膽道鏡檢查或手術開刀治療、先天性 α 1- antitrypsin deficiency 酵素缺乏者、藥物或毒物侵入，都會引起急性胰臟炎。還有一些未被歸類的特異性原因，也會導致此症發生。

肚臍周圍持續性劇痛
即要警覺

典型症狀是上腹部、肚臍周圍持續性、強度高的疼痛，伴隨腸阻塞引起腹脹、噁心、嘔吐現象。

臨床上，80 ～ 90％急性胰臟炎屬輕、中度患者，但仍有約 10％的嚴重胰臟炎會合併組織出血性壞死，可能導致腹膜炎和休克等急症，死亡率很高。朱正心表示，急性胰臟炎在內科疾病中

屬於「良性的惡性疾病」，患者多半經治療後能恢復健康，一旦惡化到胰臟壞死程度，則會引發嚴重又複雜的併發症，造成多重器官失常，陷入與死神拔河的地步，所以絕對不能輕忽急性胰臟炎的嚴重性。

臺北醫學大學附設醫院健康管理中心特約中醫師張家蓓指出，中醫並沒有急性胰臟炎的記載，但據症狀描述，其類似古代的急重症「脾臟結」。《傷寒經注》描述：「宿結之邪與新結之邪交結不解，痞連臍旁，脾臟結也，自脅入陰筋，肝臟結也，三陰之臟俱結矣，故主死。」可以瞭解到急性胰臟炎若無妥善治療，是會死亡的。

立即就醫是保命之道

急性胰臟炎屬於急性腹症，最好直接掛急診就醫，立即診斷及治療。急症消除後，再掛腸胃肝膽科，交由專業醫師進一步診治。

Step1 ▶ 問診

詢問家族史和個人過去及現在病史，瞭解是否有長期飲酒習慣，或為膽結石及高血脂的高危險群，作初步診治判斷。

Step2 ▶ 身體理學檢查

醫生會進行腹部診察，若為急性胰臟炎，上腹部、肚臍周圍

常會出現壓痛，且合併麻痺性腸阻塞（腸道蠕動聲音會減少）；
倘若發生壞死性胰臟炎，腰窩處易有青紫的瘀血（屬於透納氏徵
象 Turner's sign）及肚臍周圍呈現藍色的出血情形（庫倫式徵
象 Cullen's sign），嚴重者，臨床上常會有顏面蒼白、低血壓、
體溫降低、脈搏微弱、四肢冰冷或休克現象。

Step3▶ 抽血檢查

　　如白血球、血紅素及血比容檢測，血清中的脂肪酶或澱粉酶
濃度超過正常上限 3 ～ 5 倍以上，即可判定是急性胰臟炎。

Step4▶ 影像學檢查

　　包括腹部超音波、腹部電腦斷層、腹部核磁造影及內視鏡逆
行性膽胰管造影檢查，但要根據臨床病徵選擇適當儀器進一步檢
查，查明胰臟是否有腫脹、組織壞死或胰液有滲出聚集現象。

　　治療過程中，醫師會採用共有 11 項生化檢查項目的
Ranson's criteria 標準數值持續監控病情，如：血鈣質、血氧、
血紅素、腎功能。指數（score）愈高，代表急性胰臟炎病情愈
嚴重；指數愈低，代表病情較輕微或已趨向穩定。

禁食是基本治療準則

　　禁食（包括飲水）、給予輸液（補充電解質與水分）是全球
治療急性胰臟炎的基本準則，主要讓胰臟機能休息，緩和胰臟酵

素分泌所引起的發炎，再適度補充液體，避免脫水、低血容性休克，並維持血清電解質平衡。

90％病人經 3 ～ 5 天的禁食與症狀治療後，倘若腹痛已減輕，有排氣及出現飢餓感，醫師會評估可以進食的內容，但患者不要妄加判斷。急性期過後，病患可先攝取完全不含脂肪的流質高碳水化合物，避免油脂導致上腹部疼痛、消化不良或脂肪性腹瀉等病症；倘若持續惡化，就會進行其他治療，禁食時間可能 1 ～ 2 週，或者更長。

禁食、禁水之外，還會使用降低發炎的藥物，如：胰蛋白酶抑制劑（如：FOY）及體制素（如：somatostatin），前者是抑制蛋白質酵素的活性，後者是抑制內分泌及外分泌作用，雖然目前藥物治療仍未達成共識，但朱正心表示，嚴重的急性胰臟炎經常合併感染現象，所以可考慮給予抗生素，如果及時或適時使用，還可能達到治療效果。

胰臟隱身在後腹腔中默默工作，很容易被人遺忘，一旦嚴重發炎，非常符合「胰臟也瘋狂」的寫照，幾乎身體重要的組織器官多會被它連累，讓醫師處置臨床徵候時疲於奔命。為了不讓胰臟步入瘋狂的局面，平常謹慎對待才是最佳保養之道。

感謝臺北馬偕醫院肝膽腸胃科主治醫師朱正心、

北醫健康管理中心特約中醫師張家蓓審閱

（採訪整理／梁雲芳）

應酬接二連三
小心急性胰臟炎找上門

工作狂的啟皓，為了拚業績，熬夜加班、應酬喝酒是家常便飯。

不料長期下來，某天啟皓突然感到上腹部劇烈疼痛，還有嘔吐、發燒等現象，就醫後才知道是急性胰臟炎在作怪。經過治療，身體逐漸轉好，但醫師叮嚀他，平時就要做好養生工作，才能避免急性胰臟炎再度復發。

古代中醫有不少處理急性胰臟炎的方式，臺北醫學大學附設醫院健康管理中心特約中醫師張家蓓指出，現代中醫多以「癒後調養」為主。

以下是張家蓓與臺北馬偕醫院肝膽腸胃科主治醫師朱正心對於急性胰臟炎的保養提醒。

生活照護

1. 生活作息要規律，避免過度操勞，讓疲勞上身。

2. 定期回診，進行追蹤治療。

3. 倘如有劇烈腹痛、嘔吐或發燒等現象，切勿拖延，應立即就醫。

飲食照護

1. 經常性發作的病患，勿暴飲暴食，盡量保持少量多餐及營養均衡的低脂飲食。

2. 絕對禁止飲酒及喝含酒精的飲料，防止胰臟炎復發。

3. 勿食用刺激性食物，如辣椒、花椒、咖哩；產氣食物，如奶類、豆類食物、韭菜、洋蔥、花椰菜、青椒。

4. 出院一個月內，避免食用高蛋白、高脂肪食物，減少胰臟的負荷。

飲食原則

1. 要攝取五大類食物，不可偏廢，保持均衡飲食，可補充脂溶性維生素 A、D、E。

2. 要多利用蒸、煮、涼拌的烹調方式，避免油炸、油煎及大火快炒的料理。

3. 攝取肉類時，以瘦肉為主，建議選擇雞胸肉、魚肉、鴨肉、牛肉、豬瘦肉，避免攝取含脂肪的肥肉、豬腳、蹄膀。

忌食種類

1. 忌炒及煎炸的食物，如炒飯、炒麵、油麵、油豆腐、油炸豆包等。

2. 忌油脂量高的食物，如豬皮、雞皮、肥肉、酪梨、堅果類食
品、沙拉醬、沙茶醬、椰子油、烘焙西點、爆米花、洋芋片、
巧克力等。

急性胰臟炎保命教室

治療篇

Q 急性胰臟炎要用抗生素治療？

　　正解》急性胰臟炎是發炎（Inflammation），但不是感染
（Infection），因此輕、中度胰臟炎患者可不用抗生素，但嚴重
者，常會伴隨細菌感染，所以會給予抗生素當作預防性用藥，降
低合併症的發生。

Q 所有患者都要安置胃管？

　　正解》急性胰臟炎患者不一定都需要安置胃管進行引流減
壓，但嚴重腸阻塞且已形成腹脹、腹痛及嘔吐情形的患者，會安
置胃管，以減輕腹腔壓力，降低胃酸分泌所引起的腸胃組織急性
傷害。

Q 如果有膽結石，怎麼評估是否摘除膽囊？

　　正解》要由醫師評估膽結石是否影響到肝、膽、胰功能，若
確實有影響，就應接受手術，摘除膽囊。

預防篇

Q 工作需要常應酬的人，如何避免急性胰臟炎？

正解》

保命技巧 1：酒要少喝，不喝最好

要擺脫急性胰臟炎威脅，戒酒是最好方式。

保命技巧 2：清淡飲食

攝食以「少量多餐」為原則，每餐以 2 ～ 3 樣食物為主，飲食要清淡，烹調方式以煮、燴、滷、煨為主，忌用煎炸、烙、烤等料理。應酬時，仍須多食用少油的素食或清淡輕食。

保命技巧 3：選擇蔬食餐廳

選擇蔬食餐廳用餐，不但少油膩，還能吃到營養素豐富及高纖維的五色食物。

Q 喝蜆精有助降低急性胰臟炎嗎？

正解》中醫認為蜆精有利濕、解酒毒、目黃功效，衍伸之意有保肝、護胰及維護生理機能作用，但急性胰臟炎發作的當下，食物及水都需要禁止，蜆精亦在禁食範圍。

感謝臺北馬偕醫院肝膽腸胃科主治醫師朱正心、

北醫健康管理中心特約中醫師張家蓓審閱

（採訪整理／梁雲芳）

肚子痛，便便又「嗯」不出來？

上班族生活忙碌、飲食常不均衡，導致便祕者愈來愈多，你是不是也正深受其害？

據外電報導，印度一名 30 歲男子長期便祕，因聽信偏方，以為吞下重物可壓迫排便，3 個月內吞下 118 枚硬幣，直到胃痛受不了，才到醫院求診，動了 3 小時手術才取出腹中硬幣。

聽起來很不可思議，不過，對某些人而言，解決便便問題，似乎不是件容易的事，尤其對一些上班族而言，每天從早到晚趕上班、趕工作、趕應酬，三餐不定時，加上各種壓力，便祕似乎成了常見的毛病。

熟女小心！
便祕多愛找妳

書田診所大腸直腸肛門科主任醫師胡煒明提及，1996 年美國國家衛生院調查指出，美國有 300 萬人常便祕。大部分是女性及 65 歲以上的成年人，而懷孕婦女在生產或術後，也常有便祕問題。

便祕也是美國人腸胃問題中最常見的疾病之一，每年約有 200 萬人次的就診數。然而，多數民眾均自行買藥解決，從美國人每年花費在緩瀉劑的金錢之多，可窺之一二。

另外，福濱科學中醫診所院長施淙銘在門診中，通常會詳問求診者的生活作息狀況，平均約五成的人有便祕困擾，其中以30～50歲女性居多。

為何「嗯嗯」不順？

胡煒明醫師說，要瞭解便祕，須先瞭解大腸的功能。當食物進入大腸後，一邊吸收水分、一邊製造排泄物，即糞便。之後，大腸的肌肉會收縮，把糞便推向直腸，當糞便到達直腸時，大部分的水分已吸收，因此糞便會變硬。當大腸吸收太多水分或蠕動變慢時，糞便因通過大腸太慢，會變得又乾又硬。

臺北市立聯合醫院中醫院區中醫兒科主治醫師申一中便指出，造成便祕的主因有「結腸骨盆障礙」及「非腸胃道病因」兩大類。

「結腸骨盆障礙」多與生理結構有關，或神經傳導不正常所致，也就是功能性問題，以老年人居多，或飲食因素；而「非腸胃道病因」多與神經肌肉系統異常、內分泌疾病、藥物及精神因素有關，精神因素以學生或上班族居多。

排便不通？
有 11 種可能

胡煒明醫師分析，常見的便祕原因有以下 11 種：

1. **食物中的纖維質不足**：如老年人牙齒不好，只吃纖維量不足的軟食（像放進攪碎機調製的軟食通常已把纖維打碎），食物會完全被人體吸收，腸胃不需蠕動而導致便祕。

2. **水分不足**：每天至少應喝 8 大杯水，酒精及含咖啡因的飲料，如咖啡、可樂，均有脫水的反作用。

3. **缺乏活動或運動**：人不動、腸胃不動，就易便祕。

4. **服用藥物**：如止痛劑、含鋁及鈣質的制酸劑、鈣離子阻斷劑之降血壓藥、抗巴金森氏症藥物、抗痙攣藥物、抗憂鬱藥物、鐵劑、利尿劑、抗抽筋藥物等，都會抑制神經的活動性，減緩腸胃蠕動。

5. **大腸激躁症候群（腸躁症）**：常與壓力有關，緊張時會大便多次，數日內又便祕。

6. **環境變化**：如懷孕時水腫，導致大腸蠕動變慢；老年人活動少，也會影響腸胃蠕動；旅行時，作息、飲食改變或其他壓力也會導致腸胃不順。

7. **不當使用緩瀉劑**：緩瀉劑會傷害大腸內神經細胞，使其失去正常的收縮能力。

8. **忽略排便意圖，逐漸失去便意**：在門診中常見的個案多是女生，可能因在外上廁所嫌髒或認馬桶等，不願上大號，久了自然「大」不出來。

9. **罹患某些疾病**：神經性（如中風、巴金森氏症、脊髓損傷）、代謝性及內分泌疾病（如糖尿病、甲狀腺亢進或低下症、尿毒症）、紅斑性狼瘡等，都會讓腸胃硬化，導致便祕。

10. **大腸直腸的問題**：腸阻塞、腸沾粘等手術後，都會干擾腸胃蠕動，加上腸沾粘，讓腸胃產生角度，對蠕動也有影響。

11. **腸機能障礙**：如慢性不明原因的便祕，易拉肚子或便祕，檢查時卻都沒問題。老年人可能是因其他生理疾病或吃藥；年輕人可能是長期忽略排便習慣；兒童則多來自母體的遺傳體質。

遠離便祕
你可以這麼做

　　若便祕嚴重到需看醫生時，醫生會視其嚴重性、年齡、糞便是否帶血，及近期大便習慣是否變化或體重是否減輕，決定做哪些檢查，也可在醫師開處方後，使用一些緩瀉劑。常做的檢查包括：

1. **肛門指診檢查**：是評估肛門括約肌的鬆緊度，會觀察有無壓痛、阻塞或帶血。

2. 有些病人要檢查甲狀腺疾病或血中鈣濃度。

3. 症狀嚴重的病人，需檢查大腸直腸蠕動速度及直腸肛門機能試驗。

4. 年紀大的病人有時需加做「鋇劑灌腸檢查」及「直腸鏡或大腸鏡檢查」。

　　長期便祕會導致哪些嚴重後果？胡煒明醫師表示，有時會直接導致痔瘡、肛裂、直腸脫垂或糞石阻塞，間接使人腹部不適、

精神萎靡，至於是否與大腸癌有關，仍有待證實。但國人生活及
飲食方式逐漸西化，便祕人口愈來愈多，大腸直腸癌症機率也愈
來愈高，間接可看出其相關性。

　　胡煒明醫師建議，多數人只需改變飲食和多運動，就能改善
便祕情形。飲食方面建議多喝水，補充優酪乳，增加腸內好菌，
同時增加纖維質攝取。書田診所胃腸肝膽科主任王志堂也表示，
多攝取高纖維蔬果很有幫助，像是高纖維的地瓜、地瓜葉、空心
菜。至於高麗菜、花椰菜雖然也是蔬菜，卻會讓一些人容易脹氣，
若吃了會不舒服，就要少吃。水果可以選擇西瓜、橘子、柳丁，
以及現在經過農業技術改良，不酸卻甜的鳳梨。

　　運動方面最好從事有氧運動，且以 333 制為原則，即 1 周 3
次、每次 30 分鐘、心跳每分鐘 130 下以上。老年人不方便做有
氧運動，可走路到出汗即可。

（採訪整理／施沛琳）

看便便告訴你，消化系統的問題

　　現代人飲食不正常，胃痛時常一忍再忍，自行買成藥止痛。等到吐血或解黑便才就醫，已惡化為大病，為時已晚。其實，多點警覺，每天的便便就能透露一些警訊。

　　致緯與家人出外享用麻辣鍋，回家後反覆出現噁心想吐症狀，且有黑便，他以為是食用豬血、鴨血等食材所致，不以為意。後來吐血次數增加且頻頻頭暈，由家人帶往就醫。醫師診斷發現，他的胃部大量出血，血紅素只有正常值的一半，已瀕臨休克，經輸血 1500CC 並住院治療才痊癒。

　　50 多歲的振煌因筋骨酸痛，自行服用止痛藥，雖然治好痠痛，卻吐出黑褐色的血，還解出黑便，送醫急救發現他的胃部和小腸多處嚴重潰瘍，差點因失血過多休克，手術後保住一命。

便便顏色透警訊

　　奇美中醫部醫師邱碧瑩舉數據表示，消化性潰瘍主要分胃潰瘍與十二指腸潰瘍，初期常無症狀，臺灣盛行率約 10％，男性比女性發生率多 1 倍，年輕人由於常熬夜、生活與飲食不正常，較易罹患十二指腸潰瘍。

　　至於胃潰瘍，行政院衛生署雙和醫院消化內科主治醫師陳明堯解釋，也是感染了幽門螺旋桿菌，國人感染率高達六至七成，

包括常解黑便、筋骨痠痛及有消化潰瘍、胃癌家族病史民眾，都是幽門螺旋桿菌高危險群，需及早就醫治療。

怎樣的便便不尋常？黃色或稍顯黃褐色且呈香蕉或牙膏狀，能半浮半沉，味道不太重的是正常便便，最好在 5 分鐘內排出為佳。臺安醫院內科部胃腸肝膽科主治醫師蔡青岩說，便便如鋪柏油馬路的瀝青般黑、是不成形的軟便且有一股腥臭味，就可能是黑便。如果出現嚴重黑便，甚至是血便，最好盡快就醫檢查。

解黑便可能是上消化道
出血或是胃癌徵兆

解黑便，約有九成是上消化道出血的徵兆，上消化道指的是十二指腸與空腸交界上方處，另有少部分是大腸與小腸出血，或者食用含血的食物如豬血、鴨血所致。

為何上消化道會出血，蔡青岩說明原因可分為 3 類：

1. **靜脈曲張破裂出血**：這可能是肝硬化或慢性肝疾病引起食道與胃出血，嚴重時有吐血的狀況。

2. **非靜脈曲張破裂出血**：此往往是十二指腸、胃、食道等潰瘍，或出血性發炎。

3. **食道或胃有撕裂傷**：通常喝酒後會吐，甚至吐鮮血。

曾有人因胃部不適，買胃藥吃、到診所看診都沒改善，後來至大醫院檢查後，發現已是胃癌第三期。臺中榮民總醫院大腸直腸外科主任王輝明表示，若肚子餓時腹部會痛、出現嘔酸水、解

黑便等類似消化性潰瘍症狀，也可能是中晚期胃癌的徵兆。

心血管疾病及關節炎者
當心重複服藥傷腸胃

　　蔡青岩觀察，因解黑便而向門診求診的上消化道出血病人約占一成，多數人在出現症狀後去掛急診。上消化道潰瘍往往來自於生活壓力與三餐不正常，同時也與抽菸、喝酒與胃酸分泌有關。其次，是感染幽門螺旋桿菌，這主要是吃到含有此菌的食物。照胃鏡發現有潰瘍症狀，可進行幽門桿菌篩檢，並藉由服藥來殺菌。再者，服用非類固醇性與抗發炎藥物如阿斯匹靈、治關節痛之止痛藥等，也會造成上消化道潰瘍。

　　止痛藥使用廣泛，非類固醇性藥物服用後很容易在 1～3 周內發生出血狀況，尤其是年紀大且肥胖者，因心臟血管疾病與關節炎合併，往往會被重複開藥，前者要服小劑量的阿斯匹靈，到了骨科或神經科又拿了另一種止痛藥，二者合併服用，出血率大大提高。因此，病人本身要清楚服藥史，可把別科的處方箋提供醫師參考，請醫師調整劑量，以免增加藥物衝突的可能性。

飲酒加重胃腸潰瘍
胰臟炎也易復發

　　應酬多、喝酒多、抽菸多的人往往是上消化道易出血的高危

險群。像 40 歲的黃先生抽菸又喝酒，三餐不定時，常覺得上腹悶悶的不舒服，吃完飯後症狀會稍微緩解，但最近 3 天，持續解黑便、感覺頭重腳輕、臉色蒼白，被家人送來醫院，被診斷出十二指腸潰瘍出血造成貧血。醫師提醒胃潰瘍、十二指腸潰瘍、逆流性食道炎宿疾者，酒精會加重症狀，甚至引發吐血、黑便等上消化道出血的嚴重後果；喝酒過量還會造成胰臟炎復發，引起膽結石劇痛，所以應避免飲酒。

溫和飲食
減低消化道負擔

針對胃潰瘍、十二指腸潰瘍與胃炎等消化性潰瘍，且出現上消化道出血症狀的人，天主教耕莘醫院新店總院營養組營養師劉麗華提出「溫和飲食」原則。她說，溫和飲食是一種無刺激性，含低纖維，易於消化，具有足夠營養的飲食。遵守此原則，可減低消化性潰瘍或胃炎患者消化系統的負擔，使腸胃得以休息，並提供充分的營養，幫助患者早日康復。

建議採取「溫和飲食」者，注意以下事項：

1. 生活要有秩序，避免熬夜，減少無謂的煩惱，心情保持愉快。
2. 三餐定時定量，進餐時要盡量放鬆，細嚼慢嚥，飯後略作休息再開始工作。
3. 禁菸、酒。
4. 少量多餐。飲食應含有足夠的營養，每餐食物中最好都含有

蛋白質豐富的食物（如：奶、蛋、肉、魚類等）和適量脂肪，不要只吃含澱粉的食物。

5. 少吃刺激性的辣椒、咖啡、茶、糯米、油炸、高脂食物與甜食等。

6. 每餐不要吃太飽，盡量避免睡前 2 小時內吃消夜，可減少症狀被誘發。

7. 空腹不吃酸性食物，如柑橘類水果、醋等，以免胃酸大量分泌。

8. 勿自行服用消炎止痛藥、阿斯匹靈。

9. 平常如廁時需看一下大便顏色。

10. 急性胃炎患者應先禁食 1 ～ 2 天，使胃有足夠的休息，但可喝少量的水以防止口渴。然後可逐漸供給牛奶及流質飲食，以少量多餐方式供給；之後再逐漸增加食物的量及種類，但脂肪的量需要略加限制，因為脂肪會抑制胃酸的分泌。

11. 消化性潰瘍依程度不同分為三期：

■**第一期**：自出血至止血後的 2 ～ 3 天；此時最好飲用不加糖牛奶或將食物製成流質狀。

■**第二期**：止血後 2 ～ 3 天至恢復期；此時飲食最好半流質，但避免甜食及粗纖維的水果，多選擇易消化的食物。

■**第三期**：即恢復期，此時的飲食與普通飲食相仿，除非患者感覺不適，否則應盡量選擇各類食物。

（採訪整理／施沛琳）

PART7
腰痠背痛。

進入職場工作久了，你是否感覺到自己身體出現疲態，

有時這裡痠、那裡痛，老是痛不完？

工作引起的痠痛問題，

常出現在頸肩、下背或手肘、手腕等，

依職業性質而有不同的好發部位，

因為過度使用某些肌肉，

導致過度負擔，形成工作傷害……

這裡痛，那裡痛，為什麼痛不完？

在泡沫紅茶店工作的宥敏，因反覆手搖飲料，導致手肘疼痛，經診斷後發現是俗稱「網球肘」的手肘肌腱發炎。很多人工作一陣子後，開始有這痛、那痛的小毛病，若不注意或適時休息，疼痛將一發不可收拾！

進入職場工作，除了求好心切的心理壓力，許多人也感覺身體出現疲態，常這裡痠、那裡痛，振興醫院復健科主任劉復康指出，工作引起的痠痛問題常在頸肩、下背或手肘、手腕等，依職業性質而有不同的好發部位，主因是過度使用某些肌肉，導致過度負擔，形成工作傷害。

肌肉操過頭
痛！

肌肉過度使用易引起「肌筋膜疼痛症候群」，劉復康醫師解釋，這是由於肌肉持續收縮，造成局部血液循環不良，因此氧氣供應不足，無法順利將代謝的廢物帶走，刺激到感覺神經，造成局部疼痛，使肌肉更加緊繃，惡性循環下，局部疼痛將愈演愈烈。

他指出，肌肉持續收縮產生的疼痛，可經由休息康復，但嚴重的肌筋膜疼痛患者，神經會放大疼痛刺激，即使輕輕按壓，也會產生劇痛感，不像肌腱炎患者的疼痛感受是依發炎程度，而有

不同痛感；同時，肌筋膜痛也是其他疾病的徵象，須找出真正原因，如姿勢問題或椎間盤突出、骨刺等，對症治療才能徹底解決疼痛。

負荷超載
肩頸易過勞

臺北醫學大學附設醫院復健科主治醫師曾頌惠表示，「負荷過重」是肌肉骨骼系統傷害的主因，所以，常需彎腰搬運、抬舉重物者，頸肩及背部易拉傷，韌帶也易產生慢性疲勞，嚴重時，還會造成坐骨神經痛。荷重過程往往處於違反人體工學的姿勢，加上須快速完成工作，隨著時間累積，承受的傷害不斷增加，身體負擔也更加劇。

至於手長期高舉過肩，像需抬頭清潔天花板或窗戶的工作者，或常要寫黑板的老師，容易因頸部過度或不當使用而「過勞」，使肩部穩定肌受傷引起痠痛、頸部轉動受限，還可能引發旋轉腱肌腱炎，痛到手舉不起來。

另外，像鑽路工人，由於長期處於使用電鑽的振動環境，手臂神經也易受壓迫。

這類肩頸部傷害，多經休息、按摩可緩解，但若肌腱嚴重發炎，甚至磨損、斷裂，康復時間將延長 3 ～ 6 個月才能止痛；當肌肉退化到關節發炎時，頸椎可能會長骨刺，當骨刺壓迫到頸部脊椎動脈，還會發生暈眩、耳鳴等症狀。

滑鼠手、網球肘
折磨上班族

　　辦公室上班族往往需久坐打電腦或伏案工作，雖屬輕勞力工作型態，不過，動作重複性高，加上缺乏充足休息，也是上肢肌肉骨骼傷害常見的患者，傷害常發生於手腕、肩頸、腰部，如俗稱「滑鼠手」的腕隧道症候群，或俗稱「網球肘」的手肘肌腱發炎等，當然，坐姿不佳或坐太久，也易腰痠背痛。

　　另外，像打字員、包裝作業員、美髮美容業、小提琴手等，由於長期使用手部重複做同一動作，也易引起手腕肌腱發炎、腫痛。

　　在下肢方面，曾頌惠舉例，售貨員、專櫃小姐等長期站立者，會引起梨狀肌、鵝頸肌腱等發炎；腳底筋膜若有問題，比如曾有慢性腳跟痛病史者，也易誘發筋膜炎；在廠房做事者，常需反覆上下階梯，可能誘使膝前髕骨的軟骨磨損，而年長者則易導致退化性關節炎；此外，有種俗稱「女傭的膝蓋」的病症，是指長期跪著或蹲著的工作者，髕骨前的滑液囊易受壓迫、摩擦，導致發炎。

善用護具、偷空休息
痠痛不復發

　　輕微的痠痛，劉復康醫師表示，可先冰敷，3 天後再熱敷，

達到緩解效果，若仍感到不舒服，最好就醫治療；曾頌惠醫師則
提醒，預防痠痛輕易找上身，平時得好好養生，維持體力與精神，
身上若有舊傷，不妨善用護腰帶、護肘、護膝等護具。

　　劉復康醫師也強調，「休息」是治療肌肉痠痛的基本原則，
以肌腱炎來說，至少需 1 個月完整休息，以免容易復發或演變成
慢性發炎，但每個人終究會回到職場，再度經歷同樣的工作型
態，適度的休息就相當重要，例如：稍中斷工作，做一下伸展動
作或按摩，讓肌肉不要那麼緊繃與疲乏，都是很好的自我保護動
作。

（採訪整理／張雅雯）

常手麻？當心腕隧道症候群

白天在公司打電腦整理文件、晚上回家上網聊天或逛拍賣網站，可說是許多電腦族的生活寫照。

不過，大量使用手部，加上不正確姿勢，可能讓手受不了……

最近曉莞晚上睡到一半，常被手麻的刺痛感驚醒，有時，白天騎機車時也會出現手麻的感覺，得停下來甩甩手才能舒緩不適。原以為只是「循環不良」或「血路不通」，直到去醫院就診，醫師告訴她，「這是『腕隧道症候群』的典型症狀」，才恍然大悟。

腕隧道症候群
不等於「媽媽手」

對於腕隧道症候群，一般人常將它與「媽媽手」混淆。其實，腕隧道症候群的病因，是手腕的正中神經被手腕橫韌帶壓迫所致。再具體一點，即是在手掌與手腕間，由手腕橫韌帶形成一個腕隧道，腕隧道內有多條肌腱與一條正中神經，空間狹小，一旦用手不當，手腕橫韌帶便會壓迫到正中神經，引起酸、麻、腫、脹、痛等感覺異常的情況，有些人甚至覺得有螞蟻在手掌內爬上爬下。

　　儘管都是屬於過度使用手部而引起的手疾，但「媽媽手」的病因，則是大拇指腕部外側的兩條肌腱，因過度摩擦而發炎，導致大拇指根部酸痛，因此，兩者有所不同。

　　臺東基督教醫院神經外科主治醫師吳忠哲指出，除職業上需重複使用手部動作的人，像打字員、廚師，懷孕、甲狀腺機能低下、BMI 值超過 29 的人都是易罹患「腕隧道症候群」的族群。

手麻立即就醫
以減輕神經壓迫

　　臺北市立聯合醫院中興院區復健科主任武俊傑表示，每回門診，約 1～3 人為腕隧道症候群所擾，尤其孕婦，因荷爾蒙關係，易造成軟組織水腫，更是高危險群。據統計，臺北市立聯合醫院的產後護理之家，平均 50 位孕婦就有 3～5 位有此疾病。此外，使用電腦姿勢不當造成的「腕隧道症候群」在門診更是屢見不鮮，且年齡層有下降趨勢。

　　當發現自己有手麻現象，武俊傑主任指出，可先在家熱敷手腕，以減緩手麻的不適感，若一星期後仍未改善，則需到復健科就醫。

　　針對輕微的患者，復健科會採用副木固定的方式，以減少腕部不適當的壓力，並配合物理治療。他也提醒民眾，一般的軟性護腕難以達到治療效果。若是戴醫療用的護腕可能不便於工作，假使白天工作不方便配戴，建議晚間戴著睡覺，以達療效。

如果神經因壓迫而導致局部麻刺感或發炎，可服用非類固醇性消炎藥，或利用物理治療的超音波療法、石蠟療法等熱療法來改善，讓手腕橫韌帶能漸漸變鬆軟，減輕壓迫情況。

上述保守療法通常不會有副作用，約進行數周至一個月。治療後，倘使症狀沒有很好的緩解，仍出現麻、痛或手腕無力的情況，則宜採取類固醇療法。

採取類固醇療法要謹慎
若未改善需考慮開刀

當進一步採取類固醇療法時，大致可分口服與注射。由於口服效果有限且副作用大，因此，醫師多建議患者採用注射法。

注射法主要是將類固醇注射在手腕橫韌帶下方近神經處，藉此改善症狀，不過，有些人可能會在注射處產生變白或凹陷的副作用。武俊傑主任也提醒，注射類固醇需謹慎，否則易出現濫用的副作用。

談到濫用類固醇的副作用，吳忠哲醫師進一步說明，輕微者可能會出現坐立不安、臉潮紅、皮膚變薄、毛囊炎、局部或全身脫皮的現象，嚴重者則會導致腎臟與肝臟衰竭。

因此，吳忠哲醫師建議在保守治療中，透過服用維他命 B 群嘗試改善，主要是維他命 B 群具活化神經功效，能減輕病症。武俊傑主任也指出，若類固醇注射 2～3 次仍無效果，則要考慮手術或其他療法。

治療腕隧道症候群手術

　　腕隧道症候群最嚴重情況是手部肌肉萎縮，甚至連拿物品都有困難。若已達此程度，採用類固醇療法仍無效，患者在接受肌電圖檢查後，發現神經傳導實屬不佳，則需求助神經外科，考慮是否開刀。動刀的原理是將壓迫神經的韌帶割開，解除壓迫。以下是目前常見的開刀方式。

1. 傳統手術

　　健保有給付，缺點是傷口較大，約 10 公分，較易感染、癒合不佳，且可能傷及神經、韌帶與血管。

2. 內視鏡手術

　　傷口小、安全且可避免感染，但健保未給付，價格較貴。

3. 光刀手術

　　最為一般人接受的手術，傷口小，約 1 公分，且較無感染疑慮，雖然健保也未給付，但費用較為平價。

　　吳忠哲醫師提醒，「糖尿病或有免疫系統缺陷的患者，不適用傳統手術」，因傷口大、易感染。而光刀與內視鏡療法不適用手部有傷口或易沾粘者，因沾粘部位可能產生纖維化現象，手術時易傷及神經。上述手術屬於門診手術，約 2 ～ 3 天便可恢復作息，開刀一星期後，回診檢查若無其它問題，即可結束療程。

新式雷射光療
適用日後少大量用手者

除了上述常見的手術，近期也出現「雷射光療法」，主要是利用生物光療刺激的原理，激發細胞內粒腺體活力，促進受傷組織的修復能力，進而改善不適。每回療程約 30 分鐘～ 1 小時，一套療程需進行 4 ～ 5 次，恢復期約 1 星期～ 3 個月，效果可達六成。雖然目前健保未給付，但價格一般民眾多負擔得起。然而，此療法雖可免除藥物與手術治療的併發症，但吳忠哲醫師強調，「較適用於日後不再大量使用手部動作的患者」。

留意手部姿勢
是最佳預防之道

一般而言，腕隧道症候群可以治癒，吳忠哲醫師補充，「且手術後的復發率極低，不到 3%。」因此，只要選擇適合的治療方式，多能獲得具體療效。武俊傑主任提醒，造成腕隧道症候群的關鍵在於「姿勢」，平時多留意手部姿勢，盡量維持正中的狀態，避免扭曲或折壓，可預防疾病發生。

感謝聯合醫院中興院區復健科主任武俊傑、

臺東基督教醫院神經外科主治醫師吳忠哲審閱

（採訪整理／林惠琴、魏婕綝）

3 大致命傷，誘發慢性疼痛

1. 姿勢不良

　　坐姿或站姿錯誤、維持同一姿勢過久，都易導致特定部位的肌肉、骨骼過度使用，引發痠痛症狀。例如：手肘懸空，肩膀就得用力；頭部重心向前傾，則會加重脖子負擔等。

　　再者，電腦固定放在桌面的一邊，沒有每半年、一年調整一次位置，致頭頸長期偏向某一邊，或看電視連續長時間維持同一姿勢，都易累積肩頸部的痠痛。

2. 動作不當

　　國泰醫院物理治療組組長簡文仁分析，現代人痠痛纏身的主要原因之一是：「該動時不動，真動時亂動，休息時又不休息」，長期處於「動靜失衡」的狀態。舉例而言，一般人探身取物或搬重物時，常不符合人體工學，一旦勉強探身取物，或未蹲下直接彎腰取物，皆易使肌肉、骨骼過度負荷，造成急性運動傷害。

3. 運動不足

　　現代人習慣久坐不動，偶爾動一動，也未達基本的運動量，

所以大人、小孩肌肉的耐力、柔軟度及伸展度愈來愈差，甚至「手無『扶機』之力——連移動機車的力量都沒有。」只要一點外來力量，就超過肌肉所能負荷的範圍。

如果這些傷害反覆發生，肌肉過度疲勞，始終未能休息、修復，便會累積成慢性痠痛症。

5 妙招
保護自己不受傷

有些痠痛與姿勢不佳有關，臺北醫學大學附設醫院復健科主治醫師曾頌惠提出以下 5 點保護自己的方法：

1. 能用物品墊高時，別墊腳硬撐。
2. 彎腰不如彎膝蓋，蹲著不如坐小板凳。
3. 使用長柄拖把、掃帚減低彎腰程度。
4. 搬重物時，儘量用推車或拖車。
5. 有幫手就一起分擔，不要貪心一次搬完。

國泰醫院復健科物理治療組組長簡文仁、振興醫院復健科主任劉復康也提出簡單扼要的坐姿原則，提醒民眾減少肩頸、肌肉或腰椎不當受力的機會。

1. 頭有枕
上身和大腿垂直時，頭部宜稍往後傾，最好有小枕頭支撐。

2. 背有靠

靠背不懸空或擺小靠枕，讓背部緊貼、倚靠椅背，可分擔背部承受的力量。

3. 肘有撐

座椅最好有扶手，寫字時手肘不宜懸空過久，避免肩頸部承受過多壓力；需長期接觸電腦者，手肘也要有所支撐，讓肩膀肌肉放鬆，螢幕最好放在眼睛可水平直視的方向。

4. 腳有踏

腳有支撐不懸空，協助脊椎支撐全身重量。

（採訪整理／張雅雯、張慧心）

換個姿勢，揮別痠痛！

手腕、頸肩、腰部貼滿痠痛貼布嗎？以不正確的姿勢工作一整天，痠痛難免找上身。就讓復健科醫師教你坐對、站對的方法，和痠痛說再見。

根據統計，18～25歲的學生最易腰痠背痛，其次為35～40歲的上班族。新光醫院復健科主任謝霖芬表示，過去上門求診的病患，多為勞力工作族群，因經常搬重物，導致腰痠背痛而需赴診；現在上門求診的病患，50%以上都是經常久坐的室內上班族，其次為久站的工作者，像老師、百貨公司櫃姐等；因工作必須搬重物而傷到筋骨的病患反而少了。

萬芳醫院復健部主治醫師林硯農也有同感，他遇到較多的個案是長時間維持同一姿勢的電腦族，他們多半因肩頸痠痛而求診。有一次他遇到一位肩頸痠痛的病患，甚至嚴重到脖子無法轉動。究竟上班族該如何坐、站才能減少痠痛？

Q 翹腳易壓迫膝神經？

正解》部分上班族習慣翹腳，謝霖芬主任表示：「翹腳會導致臀部肌肉兩邊受力不平均，且易壓迫到膝蓋神經。」而腿部髖關節向外懸，也會影響到「薦腸關節」（在骨盆腔後側）。

其實，翹腳是一種臀部壓力的紓解。單次翹腳不超過5分鐘，

肌肉、骨盆還不會產生問題；倘若翹腳太久，腿部就會產生麻木感，表示壓迫到神經，要趕快將翹起的那隻腳放下。

其次，若長時間習慣以單手支撐頭部，林硯農醫師提醒，易導致脊椎側彎，最好避免此姿勢。他提醒，「長時間坐著不動會導致肌肉疲勞，經常變換姿勢對許多部位是有益的，包括脊椎、關節、肌肉和循環系統。時常站起來短距離的走動，可減少到復健科看診的機會。」

Q 電腦族手腕懸空打字
　 肩頸易痠痛？

正解》經常使用電腦的上班族，如果採用手腕、手掌懸空的姿勢打字，長期下來會壓迫到肩頸的神經，肩頸易感覺痠痛。謝霖芬主任發現一些電腦商場有販售「電腦手臂」，可避免肌肉產生乳酸造成肩膀痠痛。相較於市售「後方有突起矽膠軟墊的滑鼠墊」，「電腦手臂」舒緩肩頸壓力的效果較佳。

Q 用什麼姿勢打字較舒適？

正解》林硯農醫師提醒，使用鍵盤時，為降低肌肉緊繃，肩膀一定要盡量放鬆，不要抬高或下垂。椅座的高度應可使手肘大於或等於 90 度彎曲，手肘應放在相對於鍵盤的舒適高度，手指自然地放在鍵盤正上方。

打字時要避免重擊按鍵，如果需頻繁打字，要時時提醒自己不要太用力，按鍵盤時要輕一點。打字時，必須放鬆所有手指；使用滑鼠時，也要輕鬆地握住，並以輕觸的力量使用按鈕。林硯農醫師叮嚀：「說起來簡單，但需持之以恆才能變成好習慣。」

此外，換手很重要，可暫時使用另一隻手來控制滑鼠。使用整個手臂和肩膀來移動滑鼠，而不僅是使用手腕的力量。同時，不要讓滑鼠離鍵盤太遠，會導致手腕明顯地彎向某側。

林硯農醫師列舉，有許多方式能減少長期使用電腦的傷害，例如：

1. 墊高椅子的高度。
2. 墊高鍵盤。
3. 墊高顯示器。
4. 讓手肘下方有支撐。
5. 將滑鼠放在緊鄰鍵盤的左側或右側。

Q 正確坐姿怎麼坐？

正解》謝霖芬主任表示，「正確的坐姿是背部一定要靠著椅背、膝蓋成 90 度彎曲，並且膝蓋與椅子可保留 5 公分左右的距離，不必緊貼坐椅，雙腳一定要平放於地板。」

若身高比較低，椅子又不能調整高度，可放一個腳凳在桌下，雙腳再平放於腳凳上。他強調，身高 150 公分與 180 公分的

人，需要的座椅高度一定不同，要隨身高適度調整座椅高度。小腿長度減去 5 公分就是椅子最適當的高度，而且每坐 1 個小時一定要起來活動一下。

上班族想坐得更舒適，可使用靠腰枕來保護腰椎，靠腰枕要選擇符合人體工學、有曲度者。

相對於使用電腦時，背部往後靠比較舒服，參考文件或書籍時，則可改為較挺直的姿勢較舒服。

Q 久站工作者如何減輕疲累？

正解》櫃姐或老師工作時必須久站，林硯農醫師建議可偶爾靠一下壁櫃或牆壁，並且兩腳輪流靠一下桌腳藉此短暫休息。而駝背患者除了可穿輔具外（如防駝背心，醫療用品器材店有販售），也可經常背貼牆壁練習打直背部，減少駝背發生。至於三七步的站姿，謝霖芬主任表示會讓身體不太平衡，應避免。

Q 痠痛久不癒，該看哪一科？

正解》輕微的痠痛，2、3 天會自行痊癒，謝霖芬主任指出，若疼痛到一個禮拜以上，就必須就醫。林硯農醫師則認為：「只要影響到日常生活，就要趕快找醫師診治。」

至於該看「復健科」還是「神經科」？謝霖芬主任認為，若是筋骨發生問題或運動傷害，當然是看復健科。神經科比較偏重

處理神經系統的問題，例如腦瘤引起的疼痛或壓迫神經造成的疼痛。他補充：「若不清楚原因，其實看哪一科都可以，神經科與復健科的醫生會彼此轉介病患，外傷則必須找骨科。」

Q 落枕須就醫嗎？

正解》有些人午休或晚上睡覺時會睡到落枕，其原因有兩種，一種是軟骨突出，另一種是肌肉扭傷。謝霖芬主任表示，痛到無法忍受就必須就診，如果是小面關節錯位的軟骨問題，可先針灸再處理；如果是單純的肌肉問題，則可注射止痛劑。

建議病人可買人體工學枕，只要枕頭形狀符合人體工學（長方形的橡膠軟枕頭，中央呈弧形凹陷設計）即可減少落枕發生。

Q 打坐會造成關節脫位？

正解》有些人下班回家後會打坐冥想，以紓解壓力，連美國知名女星「卡卡」來臺灣開演唱會，在飯店都會打坐冥想完再出門。謝霖芬主任提到，剛開始學打坐的人一方面會感到腿痠，另一方面因背部沒有靠枕，很容易感到腰痠背痛。打坐時，因兩腿髖關節都向外懸，臀部梨狀肌易短縮，建議打坐時間不要過久，以免可能造成「薦腸關節半脫位」。

（採訪整理／劉采涵）

PART8
過敏。

如果每天一進辦公室就噴嚏打不停，

還伴隨著皮膚乾癢等症狀，

但一離開公司，這些症狀又紛紛自動消失，

這樣身體到底出了什麼問題？

你知道什麼是「職業性過敏」？

過敏發作時，

該如何平息過敏，不影響工作？

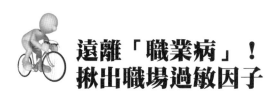

遠離「職業病」！
揪出職場過敏因子

2007 年，第一屆臺灣研究皮膚科醫學會發表一位麵包師傅對雞蛋過敏的特殊案例。

無獨有偶，新聞也報導過一名 19 歲麵包師傅，對麵粉中的燕麥及小麥過敏，被迫轉行。

你也染上怪病嗎？小心是職場惹的禍！

麵包師傅濕疹長達 6 年
原來對蛋過敏

上述兩個案例，診斷後確定為「接觸性皮膚炎」，也是相當常見的皮膚過敏症狀。尤其是第一位麵包師傅，罹患慢性濕疹長達 6 年，多年來雙手總是乾燥、破皮、癢痛，有時還起水泡，最後經醫院精細的測試，才發現他不但對蛋黃和蛋白過敏，也對培根、小黃瓜及多項製作麵包的食材，出現激烈的過敏反應。

國泰醫院過敏免疫學科主任兼醫學研究部部長林世昌說明，臨床上較少見到接觸導致的蛋白質過敏免疫性皮膚炎，食物引起過敏的比例較高。上述個案非吸入型過敏，只要在工作時全程戴手套，隔離過敏原，症狀應能改善，但若因工作性質無法遠離過敏因子，可能只好轉行或請調其他部門。

科技新貴整天穿防塵衣
皮膚癢得想抓狂

　　任職高科技公司研發部門的林智明，頂著「科技新貴」頭銜，每年公司的分紅配股也讓人眼紅，卻過著痛苦的生活，原因是其工作場所須穿防塵衣，除了上廁所，整天都包得像太空人。

　　包在密不通風的防塵衣裡，不但濕疹反覆發作，癢到難受時，也不能隨意搔抓。忍了10年，他終於受不了，徵得家人同意，改行賣電腦，澈底揮別悶熱潮濕的防塵衣。

美髮師對髮麗香過敏
只得放棄夢想

　　目前擔任保養品專櫃小姐的吳佩琳，原立志成為髮型設計師，但當學徒時，因一雙「富貴手」，一沾水或燙髮藥水就脫皮龜裂，並演變成慢性濕疹，內心一直掙扎是否要轉行，「雖然老闆同意我戴手套工作，但挑選手套也要很講究，因為我對某些橡膠手套也會過敏，稍有不慎就雙手紅腫癢痛，工作起來很不方便。」她說。

　　真正讓佩琳下定決心放棄志願的是，她只要聞到髮麗香、定型膠水的味道，呼吸道就很不舒服。偏偏髮廊裡這種味道幾乎隨時存在，讓她常頭昏腦脹，「後來我才知道那類產品中，都含有讓人過敏的有機溶劑，所以我不得不放棄。」

過敏原藉由呼吸道和皮膚
挑釁人體

　　工作環境中的各類過敏物質，主要透過「呼吸道」和「皮膚」進入體內，反應在人體上的過敏疾病包括：呼吸道過敏（含氣喘、過敏性鼻炎、過敏性支氣管炎及過敏性肺炎）、眼睛過敏、接觸性皮膚炎等，臨床上腸胃道過敏屬罕見案例。

　　前行政院勞委會勞工安全衛生研究所醫學組研究員熊映美表示，該所曾針對「呼吸道過敏」疾病，調查畜殖場及屠宰場等動物處理行業，以及泡綿、人造皮、噴漆、粘著劑等製造業的異氰酸鹽類作業勞工，結果發現，呼吸道過敏的勞工中，有80％以上的人，其過敏症狀與工作場所的過敏原有關。

　　臺北馬偕醫院皮膚科主治醫師涂玫音也指出，職業所引起的皮膚病，以濕疹接觸性皮膚炎最常見，其中因特異體質造成的「過敏性皮膚炎」，約有二到三成，其餘七、八成職業性皮膚病患者，則是化學藥劑、溶劑、清潔劑等刺激物質所引起的「刺激性皮膚炎」。

下班後才有過敏現象
仍可能是職場引起

　　至於「氣喘」與職業的相關性，據勞工安全衛生研究所進行的國內職業性氣喘病調查發現，在近580位異氰酸鹽作業員工及

動物處理行業勞工中，過敏症狀與工作相關性：眼睛占 79.5％、皮膚占 74.1％、呼吸道占 51.9％，且平均年資較低及身體健康的工人，氣喘比例較低，顯示職業與過敏疾病的關聯性至為密切。

另外，「乳膠」是醫護人員職業性氣喘最主要的過敏原，歐美國家 3 ～ 17％的醫護人員，對乳膠製品有過敏現象，國內 8％的醫護人員，對乳膠手套有立即性過敏反應，這種致敏現象均應提高警覺。

熊映美研究員說，勞工即使下班後才有胸悶、哮喘、咳嗽、流鼻水、眼睛乾澀發癢、流眼淚，或皮膚長丘疹、紅疹、凸起疹塊、脫皮等現象，均可能是工作場所引起的過敏，常見職業性氣喘誘發物有咖啡豆、塑膠製品、食品添加物等，或化學物質，如二異氰酸甲苯、酸酐類、白金化合物、甲醛（福馬林）、鎳等。此外，居住在工廠附近的居民也有致病危機，吸菸者更易發病。

讓人皮癢與
呼吸困難的危險物

涂玫音醫師說明，職業上較常引起「過敏性皮膚炎」的過敏原包括：香料、染髮劑、橡膠、樹脂、金屬、水泥等，對這些過敏原過敏的人，工作時接觸及暴露在過敏原環境下的部位，如臉、脖子、手掌及手臂等處，出現紅腫、疹子、水泡、脫皮、癢等症狀。

而洗潔劑、殺蟲劑、溶劑、去漬油、松節油、切前油、酸鹼

性化學物質等，只要濃度高或反覆接觸，對任何人都有可能造成皮膚傷害而引起「刺激性皮膚炎」。整體而言，易引起職業性皮膚炎的職業有美容美髮業、建築裝潢、電鍍、餐飲、醫護人員等。

至於「過敏性肺炎」，是因吸入有機粉塵，如細菌性產物、動物排泄分泌物、黴菌及植物性蛋白等，進而沉澱在肺泡內所引起，由於有機粉塵多小於 5 微米，工作時，必須加以防護才不致發生疾病。過敏性肺部疾病和年紀無關，在治療上採保守症狀療法及支持療法，若置之不理，可能引發呼吸衰竭及心肺症。

有職業性過敏，都得換工作嗎？

林世昌醫師表示，臨床上過敏專科醫師多建議患者先「環境控制」及「藥物治療」，除非這兩者效果不彰，才考慮「減敏治療」。問題是，減敏治療須 1 年以上，甚至更長的時間，治療期間宜遠離過敏源，並非想像中簡單。

由於就業不易，涂玫音醫師不鼓勵有職業皮膚病的人隨意換工作，「只靠藥物治療效果不佳，應先找出致病因素，避免接觸過敏原及刺激物質，並做好自我保護工作，才可延長職業壽命。」

若懷疑自己的皮膚病與職業有關，可至皮膚科請醫師診斷，在就診前先蒐集以下資料，如 1. 發疹部位是否和工作有關；2. 發疹惡化及改善與工作或休息是否有關；3. 工作的場所、性質、流程等，包括會接觸到的東西，愈詳細，對診斷的幫助愈大。如果懷疑職場有過敏原，也可做貼布試驗確定，有時也須實地訪視工

作場所，去除病因。

苦命勞工，如何自我保護？

　　整體而言，防範職業性過敏之道是──盡量在通風環境下工作，或工作時戴長手套、眼鏡及口罩等，遠離或完全隔離致敏因子，當然，手套、面罩、防塵衣等，須是合於規定的良質品。

　　涂玟音醫師提醒，想預防職業皮膚病，民眾應瞭解工作接觸到的東西須有哪些保護設備，如手套、面罩及工作服，因不同的化學物質，須不同材質的手套才有保護作用，這些資訊在購得的化學物質上應有明確標示，如沒有，宜懷疑其來源是否不合規定。

　　而呼吸道過敏的人，最好一開始選擇行業時，就要注意工作環境必須通風、濕度適中。熊映美研究員補充，多數過敏原能通過紡織品，聚積在任何物品的表面，因此，避免布窗簾或地毯，可防止過敏原聚積，若仍有紡織用品，最好定期清洗或更換，使過敏原存在量減至最低。此外，建議工作場所使用的物品，採用表面平滑的材料，如木板或石材，較易清潔。

把家與工作「分乾淨」
別把過敏原帶回家

　　熊映美研究員建議，工作時宜穿著適合及固定的工作服，避

免工作服和日常衣服混穿；工作時盡量不飲食；工作後記得洗手。多注意一些小細節，把工作與日常生活分開，就能避免把工作中的過敏原帶回家。

如果家人或家族有過敏性疾病的病史，或自體免疫疾病，如僵直性脊椎炎或類風濕性關節炎，則必須多注意自身的工作環境，是否有引起職業性過敏的風險。另外，定期做健康檢查及肺功能測定，可瞭解自己的身體狀況，亦能提早治療及預防職業性過敏。

職業性過敏，檢驗 4 步驟

1. 上班時或上班一段時間後，感到身體很不適，或過敏症狀加重，休假後病情又趨於好轉，或碰到過年等長假就完全消失，此時，可懷疑自己是否罹患職業性過敏。

2. 皮膚過敏若發展成慢性疾病，較不易發現上述週期變化，需專科醫師進行診斷或貼片測試。

3. 若懷疑有職業性過敏，可依症狀至皮膚科、耳鼻喉科或胸腔科就診，也可尋找過敏免疫科醫師就診（並非每家醫院都有此科）。

4. 就診前，先觀察一段時間並做筆記，有助醫師瞭解病情及正確治療。

（採訪整理／張慧心）

1 分鐘，認識職業性過敏

　　勞工每天在職場工作約 8 小時，所謂「職業性過敏」，意指勞工在特定工作場所接觸固定的、高頻率的、長期性的致敏物質，被誘發出過敏性免疫反應，或因職場與居家環境的雙重刺激，使過敏性免疫反應的情況加劇，都算是工作導致的過敏疾病。

各行業可能存在的過敏原

各類過敏原	相關行業或工作類別
胺類	油漆工、瓷漆工、焊接工
氯亞明	警衛、清潔女工
藥物	藥劑工作者、醫護人員
甲醛	醫院工作者
乳膠	醫院工作者
酵素	清潔劑藥劑工作者、麵包師傅
染料	紡織（原料）作業員
溶劑	電子零件作業員
橡膠	地毯製造業、藥劑工作者
異氰化物	噴畫畫家、塑膠及泡沫膠生產者
金屬	焊接工、精雕師父
過硫酸鹽	美容師
動物	動物管理員、動物實驗室工作者
穀類	麵包師傅、製粉業者
海產	海鮮加工業
木屑	伐木業者、木匠家具商

資料來源／行政院勞委會勞工安全衛生研究所

如何區別鼻炎、氣喘、感冒？

　　臨床上常發生以為是感冒，事實上卻是過敏的情況，以氣喘最為常見，該如何在第一防線區別是過敏還是感冒？以下提供簡易判別法。

	感冒	氣喘 （下呼吸道）	過敏性鼻炎 （上呼吸道）	過敏性支氣管炎及 過敏性肺炎
症狀	打噴嚏、流鼻水、咳嗽，且常伴隨過敏沒有的症狀：無力、頭痛、發燒、黃鼻涕、喉痛等。	咳嗽、喘不過氣、頭昏、胸痛等，嚴重時有喘鳴聲。	連續性打噴嚏、鼻子搔癢、鼻塞、流鼻水等。鼻子附近的血液循環不好，易有黑眼圈。	咳嗽、咳痰等，痰通常為無色。
發病及病程長短	症狀無早晚的差異，約 7～10 天可痊癒。	較易出現在晨起時、半夜、運動後，臨床表現為長期性的，應就醫服藥改善。	較易出現在晨起時、半夜，臨床表現為長期性的，保暖並離開過敏源可改善。	吸入特別氣體或粉塵便會喘，嚴重時應服藥。

協助製表／國泰醫院過敏免疫學科主任兼醫學研究部部長林世昌

（採訪整理／張慧心）

辦公室讓你病厭厭？

　　任職科技業的陳先生，每天一進辦公室就噴嚏打不停，還伴隨著皮膚乾癢等症狀，但一離開公司，這些症狀又紛紛自動消失，讓陳先生很苦惱，不知道身體到底出了什麼問題？

　　許多上班族一進辦公室後，開始覺得頭痛、疲倦，甚至噁心。明明昨日一夜好眠，工作也完成大半，卻還是欲振乏力、注意力不集中、昏昏欲睡、身體感到不舒服，如皮膚發癢、眼睛或鼻子過敏、喉嚨乾燥，甚至出現咳嗽或氣喘等症狀。書田醫院家醫科主治醫師林兆啟表示，國外採問卷的方式來評量，如果勾選以上症狀，卻找不出引起這些症狀的明確因子時，就可從「病態大樓症候群」的角度來評估。

八成上班族
有病態大樓症候群

　　病態大樓症候群是普遍職業病。根據內政部建築研究所調查統計，全臺有82%的上班族在辦公室會出現「病態大樓症候群」的症狀；其中有12%的上班族每天都會身體不適。

　　然而，病態大樓症候群並不是一種疾病，而是身體對於環境感到不適反應。在1970年代，歐美醫學界首先發現這種沒有明確症狀的症候群，後來研究才指出，引起這些症狀的原因，與室

內空氣品質有關。

這些建築物通常空間密閉、沒有窗戶，但有空調系統，這種大樓因而被稱為「病態大樓」，引起的症狀就稱為「病態大樓症候群」。具備這些症狀的上班族，到辦公地點才會發生不適的反應，下班、週末時間，症狀就會減輕或消失。

3 大主要污染源
引發呼吸道疾病

病態大樓的空氣污染源很多，有些因素還會產生交互作用。臺北醫學大學公共衛生研究所教授韓柏檉，專精於研究環境毒性對於人體的健康影響，他歸納 3 項病態大樓的主要污染來源：

1. 室外髒空氣

別以為打開窗戶通風，就可以享受新鮮空氣，兩者間並不能劃上等號。若不幸辦公大樓位處交通樞紐，每天車水馬龍，一打開窗，聞到的多是汽、機車排放的一氧化碳等廢氣。其次，假使馬路上公共工程正施工、隔壁空地正興建大樓、鄰居正重新裝潢等，這些施工引起的粉塵，都對人體肺部造成不小負荷。因此，附近空氣品質不良時，不要開窗比較好。

2. 室內污染源

室內的空氣污染源更多。從進入辦公室開始，周邊環境到使

用的器材、物品等,都可能對人體健康不利。包括一進門踏上滿
布塵埃及塵蟎的地毯;坐在甲醛含量過高的書桌及櫥櫃前;使用
發出難聞味道的立可白與影印機;甚至連原本想緩和辦公室氣
氛,用以裝潢的盆景散發出的花粉;新裝潢含甲苯的油漆都是污
染源。如果公司沒有實施禁菸政策,還要忍受難聞的二手菸,置
身在致癌的空氣中。加上公共衛生習慣不良,食物和垃圾置放過
久,腐敗的惡臭四散,人不生病都難。

3. 空調出問題

　　原本空調系統的目的之一,在於提升室內空氣品質,如果缺
乏保養及定期清潔濾網,空調系統反而成為密閉空間空氣污染的
主要來源。在四季分明的臺灣,冷氣使用一個夏天,通常會休息
一個冬季,若天氣突然變得很熱,馬上開冷氣,卡在濾網上的髒
東西成為硬塊,與結冰器下方的水結合,便成了細菌的溫床。韓
柏檉指出,這時是冷氣機最毒的時候,所有的毒物傾巢而出。許
多大樓的管理者知道要定期清潔水塔以及通風管,卻常常忽略這
一環最基本的清潔動作。

5 招自我保健
讓辦公環境趨吉避凶

　　引起病態大樓症候群的原因很多,避免產生症狀,不外乎移
除污染源。然而,個人的體質、抵抗力不同,不見得同一棟大樓

的人,都會得到病態大樓症候群。所以,另一個預防的方式,就是加強自身的保健之道:

1. 控制污染源

除去不必要的污染源與過敏原,或集中管理不得不存在的污染源。如前面提到的地毯、布質窗簾與立可白,最好移除。將開花的盆栽移到室外,室內改種闊葉為主的植物。室內採光也必須充足,讓植物進行光合作用,促進空氣代謝頻率。再者,制定辦公室禁菸政策,更可減少嚴重的室內空氣污染。此外,辦公空間的人數也應限制,因人體會呼出二氧化碳,也是空氣污染源之一。

2. 改善通風設備

如果戶外的空氣品質許可,盡量開窗。即使再冷的天氣,大樓也要開空調。如果坐的位置位於空調死角處,最好加裝小型電風扇來促進對流。另外,像廚房、廁所、倉庫、擺放影印機處等會產生高污染的空間,可設置獨立的空調系統。最重要的是,空調系統一定要定期清洗,尤其是春季過渡到夏季的轉換時節,不要一時貪涼,急著打開冷氣,應該先進行濾網更換或清洗。開冷氣時,房內也可擺上一盆水,以免過度乾燥。

3. 使用空氣清淨機

使用空氣清淨機過濾空氣,也是一種移除污染源的方式。讓室內溫度保持在攝氏25～28度,若低於24度,空氣會過於乾燥。

最舒適的相對溼度可維持在 60 度，溼度超過 80 度時，也容易滋
生黴菌。

4. 減少接觸污染源

　　上班族常使用影印機或印表機，應盡量避免在機器旁等待，
此外，戴上口罩也是一種自我保護的方式。有些公司為了大家方
便，會將這些事務機器放在各部門之間的「交通樞紐」，疏不知
其散發出來的有害物質很容易擴散到整個辦公室。建議最好將這
些機器擺在辦公角落，若置放在獨立房間更好。

5. 均衡飲食與運動

　　包含每日五蔬果、每週定期運動，以及維持心情愉快，增強
自身抵抗力。

（採訪整理／余淑賢）

7 妙招 檢測病態空間

根據環保署委託成功大學進行的調查數字顯示，國內約有三成左右的大樓，空氣品質不及格，包括二氧化碳濃度太高、細菌含量過多，甚至含有揮發性有機污染物質。除了透過專業的「空氣品質量測儀器」，日常又該如何辨識辦公環境是否為病態大樓而自保呢？

1. **聞到異味**：進入辦公室就聞到一股異味，表示空氣中有化學物質存在，而且達到人體可感受的一定濃度。如果味道刺鼻難聞，就要快點找出這異味的來源。

2. **空間封閉**：建築物的設計相當封閉、窗戶太少，空氣無法自由流通。

3. **空調未保養**：發現一開空調就有異味湧出，或者空調系統的濾網經常有髒東西，也沒有定時更換。

4. **容納過多人**：過小的辦公空間，卻容納太多員工在裡面上班，使新鮮空氣變少，吐出的二氧化碳增多。

5. **引進污染源**：如新裝潢充滿油漆的味道，或者傢俱發出強烈刺鼻的怪味等。

6. **環境不衛生**：公共衛生環境惡劣，如垃圾多天沒倒，已經發出惡臭和食物腐敗味，或是環境髒亂灰塵滿布等。

7. **暫時性不舒服**：到上班場所時，突然覺得身體不舒服，並出現「病態大樓症候群」的症狀，下班時間卻又感到舒緩或症狀消失。

（採訪整理／余淑賢）

安撫過敏，專家的照顧撇步

過敏發作時，身體不聽使喚，相當折磨人，更嚴重影響工作、生活品質與情緒，該如何平息過敏，偷得喘息空間？

面對繁忙的工作，除了擔心時間不夠用，更怕過敏來攪局，影響工作效率。以下將針對上班族常見3大過敏問題，提供保養、改善方法。

1. 眼睛過敏

從事雜誌編輯的林小姐患有「過敏性結膜炎」，在季節轉換時症狀更明顯，常因眼睛癢，把眼睛揉到紅腫，醫師給予一種抗過敏藥水讓她點眼睛，但她擔心眼藥水點多了對眼睛有害，所以只要症狀一減輕就斷藥，導致症狀也一再復發。

照顧撇步》

■ **按時點抗過敏藥水**：「抗過敏藥水對眼睛不會有傷害，甚至能預防性點藥。」書田診所小兒科主任醫師陳永綺表示，很多人以為抗過敏藥水點久會影響眼睛健康，事實上，過敏性結膜炎好發時期如秋冬轉換時，醫師還會建議點藥水預防，讓眼睛過敏原「被洗掉」，否則一旦嚴重發作到須點類固醇藥水時，對眼睛傷害更大。有些抗過敏藥水像人工淚液，只是

潤滑眼睛，讓過敏原數量減少，對眼睛其實無害。

■ **減少戴隱形眼鏡的頻率**：若常眼睛過敏，醫師建議，盡量別戴隱形眼鏡，特別是發癢時會不自覺搓揉眼睛，加上清潔工作沒做好，易波及角膜或結膜。當眼睛過敏，在不會癢時，可點眼藥水滋潤眼睛，同理，用蒸氣熏眼睛也能滋潤眼球，減緩過敏原刺激，甚至洗掉過敏原。

■ **多攝取 β 胡蘿蔔素、維生素 B 群**：陳永綺建議，眼睛過敏的人可加強攝取富含 β 胡蘿蔔素、維生素 B 群的食物，β 胡蘿蔔素是維生素 A 的前驅物質，存於深綠、黃色蔬果和藻類中；維生素 B 群則存於動物內臟或綠色蔬菜，這些食療對眼睛健康都有幫助。

2. 過敏性鼻炎

任職於公關公司的陳小姐是鼻過敏患者，每當季節交替、或是因室內溫差過大，鼻過敏總會嚴重發作，不僅鼻子癢、猛打噴嚏，鼻涕更像關不住的水龍頭流不停，根本無法專心於工作；因鼻過敏而產生的黑眼圈，更讓陳小姐看起來老是精神不濟，影響客戶觀感。

照顧撇步》

■ **洗鼻器**：目前很多診所會推銷「洗鼻器」，以改善過敏性鼻炎，其功能為洗掉過敏原、濕潤鼻腔、幫助鼻黏膜修復，一旦把

分泌物洗掉，傷口會加快癒合。

■**鼻部蒸熏**：功效是緩解濃稠的鼻黏液及乾燥、易受刺激的鼻
黏膜，簡易方法為過敏者坐在浴室，把熱水水龍頭打開，呼
吸散發在空氣中的水蒸氣，或買蒸氣機，一天吸 2 次，一次
15 ～ 20 分鐘即可；有些患者會使用燙衣服及蒸臉兩用的蒸氣
機，反而因蒸氣太燙，導致受傷。

■**注重保暖**：濕冷空氣是呼吸道過敏大敵，不管是氣喘或過敏性
鼻炎，起床後可用雙手搓熱手掌，蓋在鼻子上，避免鼻子一
下子接觸到冷空氣；平日也應多注意保暖，圍巾、口罩是必
備的保暖物品；進出室內外時，若溫差過大，需增減衣物，
避免感冒。

3. 皮膚過敏

　　悅倫因長時間待在有空調的辦公環境下，一直有皮膚乾癢的
問題，到了冬天，冷冽乾燥的氣候更使得搔癢症狀變本加厲，癢
得她心煩意亂，工作效率大打折扣，不知道該怎麼辦才好？

照顧撇步》

■**洗澡水溫適度**：「皮膚過敏的人最好少泡澡，更不可以泡溫
泉！」陳永綺醫師表示，泡澡容易把皮膚上需要的護膚膜
——油脂洗掉。此外，洗澡時水溫也不宜過燙。

■**使用弱酸性沐浴乳**：目前市面上販售的乳液或香皂通常是鹼

性，陳永綺醫師建議，可買酸鹼度試紙測試，或買具修復皮膚及清潔功能的燕麥皂，一個約臺幣 50 元。至於漢方洗劑，她認為，噱頭成分較大。

■**適當使用藥浴**：很多皮膚過敏者都會採用「藥浴」來改善過敏症狀，但不管是中藥或西藥的藥浴粉，建議使用前先局部測試 15 分鐘，無過敏反應再使用，藥浴後還須觀察一天。陳永綺醫師提醒，藥浴只能泡 15 分鐘左右，更改藥浴配方也須間隔 1 天。

■**選衣物材質**：皮膚過敏的人選擇衣服也有限制，內衣褲要「純綿材質」，使用前先清洗，洗掉原本可能含有的甲醛或柔軟劑。至於衣著，選擇有品牌者，通常較有品質保證，當然，一勞永逸的方法是每件衣服回家後都直接清洗。此外，避免穿太緊的牛仔褲，也不要穿絲襪，因絲襪易讓過敏體質的人起疹子。

（採訪整理／吳宜亭）

皮膚乾、癢難耐怎麼辦？

■強化身體溫和乳液

材料

1. 中藥材：黃耆、何首烏、刺五加、麥冬、山藥、菊花各 3 錢、川七 2 錢。
2. 其他：乳化劑 6 ～ 8 克、荷荷芭油及葡萄籽油各 15CC、天然抗菌劑 3 克（在精油 DIY 專賣店買的到）、洋甘菊及薰衣草精油各 5 滴。

作法

1. 把所有中藥材加水 800CC 浸泡半小時，大火煮滾後，轉小火熬煮 45 分鐘至 1 小時，待藥汁剩約 240CC，過濾後取藥汁。
2. 將乳化劑、荷荷芭油、葡萄籽油放入玻璃容器中，調和均勻後，每次加入約 5 ～ 10CC 藥汁，慢慢攪拌，直到藥汁完全變成乳液狀，再加天然抗菌劑及精油拌勻即可。

功效

滋潤涼血止癢；適用於皮膚乾燥、搔癢脫屑者。

■抗敏身體按摩乳液

材料

1. 中藥材：荊芥、桂枝各 2 錢、麥冬 1 兩、黃耆 3 錢。
2. 其他：乳化劑 6 ～ 8 克、荷荷芭油及桃杏仁油各 15CC、天然抗菌劑 3 克、尤加利及薰衣草精油各 5 滴。

作法

1. 將全部中藥材加水 800CC 浸泡半小時，大火煮滾後，轉小火熬煮 45 分鐘至 1 小時，待藥汁剩約 240CC，過濾後取藥汁。
2. 將乳化劑、荷荷芭油、桃杏仁油，放入玻璃容器，調和均勻後，每次加入約 5 ～ 10CC 藥汁，慢慢攪拌，直到藥汁變成乳液狀，再加天然抗菌劑及精油拌勻即可。

功效

滋潤涼血止癢；適用於皮膚乾燥、搔癢脫屑者。

■ **止癢按摩膏**

材料

1. 中藥材：天花粉、葛根、苦參根各 5 錢。
2. 其他：凡士林 250 克、薄荷腦 2 克、苦茶油 300CC、橙花精油 10 滴。

作法

1. 將諸藥切成細塊或磨成粗粉備用。
2. 將凡士林加熱溶化後，倒入藥材，攪拌均勻後，熄火燜約 20 分鐘，再起中火，煮滾後改小火，煎煮約 10 分鐘，即可過濾，稍涼加入薄荷腦、苦茶油及精油，凝固後即成按摩膏。

功效

滋潤涼血止癢；適用於皮膚乾燥、搔癢脫屑者。

■ **臉部減敏按摩油**

材料

葡萄籽油、杏仁油各 15CC，薰衣草、尤加利、洋甘菊精油各 2 滴。

作法

全部混合，攪拌均勻即可使用。

功效

滋潤涼血止癢；適用於皮膚乾燥、搔癢脫屑者。

資料提供／莊雅慧中醫診所院長莊雅惠

（採訪整理／吳宜亭）

PART9
失眠。

「輪班族」因工作打亂生活作息，

長期下來易睡眠失調、精神不濟；

夜貓族則習慣晚睡，影響睡眠品質，

有些人會覺得老是睡不飽而哈欠連連，

甚至陷入「早睡睡不著、早起起不來」的窘況。

如果睡眠失調，該怎麼調整，

或是如何因應工作時間，擁有好睡眠？

睡不好容易胖、病上身？

全臺有 600 萬人每天為失眠所苦，翻來覆去無法沉睡，睡不好不僅隔天精神差，辦事沒效率，睡太少還可能易有三高疾病、易肥胖？

「昨晚沒睡好，今天頭昏腦脹，開會時罩我一下」，「你是不是熬夜好幾天沒睡，黑眼圈很明顯耶！」上述談話，似乎已成為現代上班族見面打招呼時常講的話語。

每到就寢時刻，許多人就會開始擔心今晚能不能睡個好覺？就在焦慮睡不著、反覆翻身時，時間已悄悄溜過，天快亮時才昏昏入睡，偏偏鬧鐘無情響起，只得掙扎著起床，兩眼無神的帶著兩圈「黑輪」去上班。

涵穎原本是個快樂的業務人員，面對客戶時總會露出甜美可人的笑容，隨著業績壓力變大，上床後總要在床舖翻上 2、3 個小時才能睡著。

睿駿從小就不好睡，睡眠品質很差，讀書時期遇到大考小考，更是焦慮得整晚睡不著。眼看著時間滴答滴答走，腦子卻絲毫沒有睡意，想吃藥助眠，又怕早上藥性未過，會在考場昏睡，十分懊惱。

邁入更年期的文娟，原本是公司最有人緣的模範員工，最近常半夜突然心跳加速、全身熱潮紅，從睡夢中醒來，全身濕透彷彿歷劫歸來，醒來後就再也睡不著，連帶影響平日的工作表現，

甚至心浮氣躁、情緒反覆。

全台 600 萬人失眠
要睡多久才不累？

　　根據 2009 年睡眠醫學學會統計顯示，臺灣有睡眠問題的人比例約 21.8％，約有 400 萬人有失眠困擾。桃園長庚醫院睡眠中心臨床心理師吳家碩表示，這結果較 3 年前同項調查增加一倍。如果加上廣泛性睡眠不理想的民眾，總數甚至可高達 600 萬人。

　　平均來講，成人一天所需的睡眠時間約 7 ～ 8 小時，孩童約 8 ～ 9 小時，但研究顯示，每個人真正所需的睡眠時間其實不太相同，就像身高一樣，雖然男性、女性各有一個平均值，但實際上的差異則取決於基因的不同，因此有些人需要睡得特別多，有些人睡少一點也沒關係。

　　長庚生技董事長楊定一，平均一天僅需睡眠 2、3 小時，平日雖然睡得少，但每天醒來時，總覺得全身充滿能量，盥洗後外出跑步做體操，運動 1、2 個小時，精神更飽滿，進公司後雖然一刻也不得閒，但一定會找幾個時段禪坐靜心，讓身心回復能量滿滿的狀態。

　　吳家碩心理師說，原則上只要一覺醒來，覺得身體不再疲勞、體力有所恢復，就可稱為「足夠的睡眠」。建議民眾不妨自行評估，覺得一整天的精神是不是夠好，或是大多數的時間都覺得疲憊想睡？

睡不好容易胖
成為致病體質？

　　長期睡眠不足、睡眠品質不好或睡太多，可能影響哪些健康狀況？

■睡不好易有三高？

O吳家碩心理師表示，2009 年的睡眠研究結果證實，睡不好或睡得少的人，比一般人易罹患高血壓、糖尿病（高血糖）、心臟病（高血脂）等「三高」疾病，且比例多達 1.5 倍。

■睡太少易肥胖？

X除了心血管疾病之外，一些睡眠研究也發現：很多肥胖者睡眠時數也很少。吳家碩心理師以睡眠專業研究的角度來看，認為有可能是身體本來就不舒服，以至於根本沒辦法躺在床上或沒辦法安然入睡，未必是因為睡覺少的人拚命以吃來彌補體力，導致肥胖上身。

■睡太長較短命？

X有人說：「睡覺時間長的人壽命較短」，事實上，這結果可能是因為病患本身就身體不舒服，必須一直躺在床上，才會睡得比較久，真正導致壽命變短的，不見得是睡眠問題，而是疾病問題。但吳家碩心理師還是提醒，睡眠量正常的人，身體健康的機率比較高，肥胖指數也較穩定，所以人類還是要以追

求穩定的睡眠為原則。

■睡太少免疫力低？

O 睡眠可讓身體不超時工作，充分獲得休息，進行各種機能的修復。相對的，睡不好身體就無法完全休息，肝或是其他保護機能必須一直運作，免疫力自然會下降。例如：人體一些防禦感冒的細胞，晚上必須休息，白天才能正常工作、抵抗細菌，如果到了晚上還繼續工作或不休息，等到白天，抵抗力就會下降，自然比較容易生病。

■睡不好記性差？

O 睡不好也容易造成短期記憶力衰退，明明剛剛才聽過的電話號碼，或主管交代的事，一轉身立刻忘得一乾二淨。所幸這種「記憶力衰退」和失智症所認定的「記憶力不足」並不相同，也不可能因為睡不好就「忘了我是誰」或「出門後忘了回家的路」。

　　吳家碩心理師表示，老人失智與基因或是一些腦部病變比較有關，和睡眠障礙的關聯性不大。只不過，睡眠障礙如果真的很嚴重時，除了會影響記憶力，也有可能影響大腦的功能，只是這種傷害並不會導致失智症的發生。

（採訪整理／劉榮凱、劉紫彤）

輪班族、夜貓族，8招睡出自然美

　　長期夜間輪班，或習慣挑燈夜戰、夜夜笙歌，不僅睡眠品質與健康大受影響，「面子」也會出問題！與其花大錢，砸在瓶瓶罐罐卻救不了臉蛋的保養品，不如從環境、飲食來調理身心，睡出美麗與神采。

　　「長時間日夜顛倒，真擔心提早成為黃臉婆！」摸著日漸缺乏光澤的肌膚，今年26歲任職於科技園區的陳筱雯大嘆，日夜輪班的工作，不只是睡不好，肌膚也開始出狀況，讓愛美的她憂心忡忡！

睡不好
輪班族的苦寫在臉上

　　自從2年前轉職科技公司後，筱雯開始過著日夜輪班的生活，從晚上7點工作到隔天早上7點。回到家準備就寢時，往往都已經接近中午，窗外人聲吵雜常讓她無法成眠，即使睡醒仍覺得疲累。

　　隨著睡眠品質每況愈下，她發現黑眼圈愈來愈明顯，尤其夜班轉日班，又必須調整作息早起，睡眠時間怎麼調都不對，讓她欲哭無淚。其他同事也有相同的困擾，常因輪班打亂作息，臉上痘痘也跟著冒不停。

愈夜愈美麗？
夜貓子三聲無奈

　　筱雯的睡眠經驗，相信許多輪班族看了「心有戚戚焉」！類似情況也發生在夜貓族趙嘉宜（化名）身上；唸大學時，她常是宿舍裡最後熄燈的人；踏出校門、擔任報社編輯後，更加「鍛鍊」晚睡功力，入睡時間不斷往後延，成了典型「夜貓子」。

　　「晚睡的代價，就是讓我晚上睡不著，白天又叫不醒。」嘉宜苦笑著說，就寢時間愈晚，她的睡眠品質也愈差，有時半夜 3 點上床，到清晨 5 點還翻來覆去；好不容易睡著，該起床時卻叫不醒，鬧鐘總要響好幾回，才會離開被窩。

　　即使一天睡超過 10 小時，嘉宜仍覺得「睡不飽」，長年睡眠失調，讓她警覺到皮膚不再像以前容光煥發、彈性也愈來愈差。不想當「面有菜菜子」，她毅然決然換工作，希望藉此改變作息，幫肌膚找回「好臉色」！

睡眠水平
面子最知道

　　「根據統計，全球人口約有 30 ～ 40％有過睡眠困擾。」擁有美國行為睡眠醫學認證執照的政治大學心理學系教授楊建銘指出，對生活作息不正常的輪班族或夜貓族而言，睡眠困擾的比例可能更高。

臺北醫學大學附設醫院睡眠中心主任李信謙說，「輪班族」因工作打亂生活作息，長期下來易睡眠失調、精神不濟；夜貓族則習慣晚睡，影響睡眠品質，有些人會覺得老是睡不飽而哈欠連連，甚至陷入「早睡睡不著、早起起不來」的窘況。

然而，睡眠品質的好壞，不只影響健康，更攸關「面子」問題。現代女性時常購買瓶瓶罐罐的保養品來「寵愛」自己，希望延緩老化、長保青春，但有些人可能會納悶，「明明勤擦保養品，為何肌膚無法『水嘟嘟』？」或許就是「睡眠失調」所致。

臺灣睡眠醫學學會理事、林口長庚醫院睡眠中心主任陳濘宏表示，睡眠除了可以恢復體力，還能修補耗損的細胞；睡眠品質差，不但會精神渙散，也使肌膚出狀況。

11 點睡美容覺
妳做不做得到？

就中醫觀點，莊雅慧中醫診所院長莊雅惠也指出，生理健康與睡眠品質，的確會影響「外在美」！

她以中醫經絡理論解釋，肝膽經的氣血，在夜晚 11 點至凌晨 3 點最旺盛，此時若無法充分休息，將影響身體的解毒功能，引起肝氣鬱結或肝膽火旺等病理反應。這也是輪班族或夜貓族容易產生黑斑、皺紋或青春痘等肌膚問題的原因。

因此，莊雅惠醫師建議，想睡出「自然美」，盡量在晚上 11 點前就寢，才能促進皮膚新陳代謝，減緩細胞老化，達到養

顏美容的最佳效果。

睡美人養成法
吻別熊貓眼

　　要輪班族或夜貓族「11 點準時睡覺」也許很困難，究竟該如何改善睡眠障礙帶來的面子困擾，向青春痘、黑眼圈說拜拜？

　　專家們不約而同回答，首要之務就是讓自己「睡得好」！以下結合他們專業知識所歸納出的 8 招「睡美人養成法」，教你睡出自然美，吻別熊貓眼。

1. 吃出好睡眠

　　馬偕醫院營養課營養師趙強表示，太飽或太餓都會影響入睡，晚餐適量就好，睡前 2 小時別吃太多東西，若很餓，不妨吃一點小餅乾充飢。此外，晚餐過後避免喝含有咖啡因的飲料，如咖啡、紅茶、可樂等，同時要避免在睡前喝太多水，才不會三更半夜一直跑廁所，影響睡眠品質。

　　由於鈣有助於安定神經，趙強營養師建議，有失眠困擾的人可在睡前喝杯溫牛奶；平日均衡攝取含有「鎂」的食物，如堅果類、綠色蔬菜等，幫助身體放鬆。

2. 在白天營造「夜晚」

　　「輪班族」常得晚上工作、白天睡覺，但窗外人聲鼎沸與刺

眼的光線，往往讓人睡不著。陳濘宏醫師建議，即使身處大白天，也要營造適合睡眠的「夜晚」，例如：拉下窗簾、關掉電燈，甚至關閉手機，杜絕外在環境或聲音的干擾；必要時可用耳塞、眼罩來輔助。

3. 打點舒適的睡眠環境

李信謙醫師表示，最適合人體安睡的溫度約為 27 ～ 28 度，過熱過冷都不適宜。此外，為自己挑一個好床墊也有助眠效果，床墊最好「軟硬適中」，不要太硬或太軟。

4. 睡前 4 小時不猛烈運動

每天早上去公園慢跑、練太極拳、氣功、游泳等規律運動，有助於活絡生理機能，讓自己夜夜好眠。但要注意「睡前 4 小時別做劇烈運動」，有些人以為睡前多運動可以一覺到天亮，其實正好相反，過度運動反而會影響入睡情緒。

5. 每週偷跑半小時

「夜貓族」想睡出自然美，楊建銘認為，最好的方法是維持正常作息，當個早起的「雲雀族」。他建議採取「漸進式調整法」，例如：第 1 週先提早半小時入睡、提前半小時起床，第 2 週再往前提早半小時，以此類推，直到回復正常作息為止。

6. 溫水泡澡、音樂伴眠

睡前泡溫水澡有助於全身放鬆；而聽點柔和的音樂，或閱讀輕鬆小品，則有助於沉澱紛亂思緒，幫助入睡。

7. 讓陽光喚醒自己

賴床太久也會影響正常作息，除了鬧鐘外，醫師們建議可用溫暖陽光叫醒自己。當早晨的陽光照進屋內時，不妨起身到陽台曬曬太陽，用光線趕走睡意，就不會想再睡回籠覺，影響晚上入睡時間。

8. 睡前不抽菸，午睡點到即可

菸所含的尼古丁具興奮劑效果，會影響睡眠；而平日午睡也不宜太久，最好維持在 15 ～ 30 分鐘，以免晚上睡不著。

（採訪整理／羅智華）

舒緩身心助眠操 從頭到腳放輕鬆

1. 腹式呼吸法：先平躺，兩手分別放在胸部與腹部，眼睛輕閉，慢慢吸氣，鼓脹腹部，再內縮腹部，將氣緩慢吐出，利用腹部做深沉而緩慢的呼吸，有助於放輕鬆。

2. 改採坐姿，將雙手向前平舉至肩膀高度，緊握雙拳 5 秒鐘後，慢慢放鬆雙手，並置於大腿上，透過一緊一鬆來調和身心，動作重複 3 次。

3. 將肩膀弓起繃緊約 5 秒鐘，再慢慢放鬆，讓肩膀盡量下垂，同樣重複 3 次。

4. 繃緊額頭、眉間、眼睛及嘴唇等五官，約 5 秒鐘後放鬆，讓臉部感受緊繃與放鬆感覺，重複 3 次。

5. 兩腿平伸，腳尖上翹，繃緊雙腿雙腳 5 秒鐘後，慢慢放鬆，並將雙腳置於地面上，動作重複 3 次。

6. 完成上述動作後，維持閉眼靜坐，同時檢視額頭、眉間、眼睛、嘴巴、脖子、肩膀、雙手、雙臂、雙腿等，是否都放鬆了，讓自己保持放鬆狀態 2 分鐘後，再慢慢張開眼睛。

動作設計／政治大學心理學系教授楊建銘

按摩 7 穴道 安神舒眠

　　用拇指直推「靈道」至「神門」約半分鐘，按揉「耳神門」約半分鐘。另外可按摩其他配穴來助眠：心火較旺者按摩「內關穴」；肝火旺者按摩「太沖穴」；氣血不足症狀者則按摩「足三里」與「三陰交」。

穴位指導／莊雅慧中醫診所院長莊雅惠

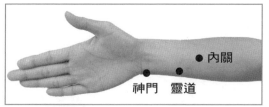
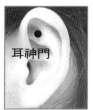

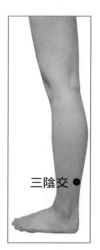

助眠甜品 悠然入夢鄉

■寧心安神茶

功效 補血強心、退火安神、促進血液循環及新陳代謝。

材料 浮小麥 1 兩、枸杞 5 錢、炙甘草 1 兩、銀杏葉 2 錢、女貞子 5 錢、桂花 1/4 茶匙。

作法

1. 枸杞與桂花除外，其餘中藥加水 2000cc 後，浸泡半小時，再以大火煮滾後，轉小火熬煮約半小時。

2. 過濾後加入枸杞與桂花，燜煮 5 分鐘，即可當作日常茶飲。

■清熱退火茶

功效 具有降火清熱的安神功效。

材料 連翹 6 錢、夏枯草 1 兩、夜交藤 6 錢，赤芍 3 錢，生薏仁 1 兩、薄荷 3 錢，以及適量冰糖。

作法

1. 除薄荷外，將其餘藥材一起放入鍋裡，加水浸泡約半小時。

2. 大火煮到沸騰後，再改以小火烹煮 20 分鐘；然後加入薄荷，並馬上熄火，蓋上鍋蓋，等溫度稍微降低後，再用篩子過濾即可。可選擇冷飲或熱飲，並依個人喜好甜度，添加冰糖調味。

■桂圓蓮子湯

功效 具有養血健脾的安神效果，適合容易失眠的人飲用。

材料 桂圓 5 錢、蓮子 5 錢、新鮮百合 1 碗及適量冰糖、紅棗、糯米。

作法

1. 將適量紅棗與糯米一起加水，浸泡 1 小時後，加入洗淨蓮子，熬煮約 1 小時。

2. 熟後加入百合、桂圓及冰糖，再次煮滾後，就完成好吃的助眠甜品。

■甘麥大棗粥

功效 具有安神健脾功效，有助於舒緩失眠。

材料 淮小麥 5 錢、紅棗 6 枚、炙甘草 2 錢、適量糯米與冰糖。

作法 將淮小麥與炙甘草放入藥袋中，與其餘材料加入適量的水，熬煮成粥狀，加入冰糖即可食用。

食譜設計／莊雅慧中醫診所院長莊雅惠（採訪整理／羅智華）

失眠，不吃安眠藥行不行？

　　為了助眠，醫師可能會開安眠藥等處方，但一般睡眠障礙患者，對安眠藥常懷著又愛又懼的矛盾情結，一方面想借助藥物，求得一夜好眠，另一方面又怕依賴「成癮」，日後難脫身，會愈陷愈深，甚至籠罩在太常吃藥提高罹癌率、腦子變笨的陰影中。

　　桃園長庚醫院睡眠中心臨床心理師吳家碩坦言，安眠藥有很多種，的確或多或少有副作用，只是這「副作用」並非直接造成腦傷，而是會口乾、頭暈、頭痛、白天起不來等，或是影響記憶力、產生藥物依賴，所以臨床上醫生會讓病人自己決定要不要吃藥。

　　較新的睡眠治療趨勢是傾向於採行「不靠藥物，又能睡得好」的療法，做為第一步解決失眠的方法。事實上，目前國外治療失眠，早把非藥物治療法放在第一線，讓患者在吃藥之前，先找到不靠藥物而能入眠的方法，逐步解決睡不好的問題，降低睡不好的影響，或是減少藥物副作用。

　　至於已長期吃安眠藥的民眾，如果難以直接戒掉藥物，吳家碩心理師建議，學習一些非藥物的療法，取代原本藥物的作用，以幫助失眠者逐漸減藥或停藥。目前一些醫院的睡眠中心，已能提供各式配合治療，幫助長期服用安眠藥的患者，逐漸把藥停掉。

（採訪整理／劉榮凱、劉紫彤）

想有好睡眠？改造臥室先

電影《航站奇緣》中描述，在機場睡覺，你得先靜靜地閒逛，勘查好睡覺的地理位置：有舒服的躺椅、沒有幽暗的死角、離警察的哨站要近……在自家臥房，同樣要花心思營造安全感，除了有張舒適的床，也要避免光線干擾、空間壓迫，才能讓疲憊的身心輕鬆進入夢鄉，徹底放鬆。

睡眠是上天予人休息的一種恩賜，經過一整天的緊湊、忙碌，當夜晚悄悄來臨，人們可藉著歇息，暫時拋開瑣事和煩惱，次日得以精神飽滿地，重整腳步再出發。

臺大醫院精神醫學部心身精神醫學科主治醫師廖士程表示，人一生中，有 1/3 的時間花在睡眠上，睡眠就像空氣、食物、水一樣，都是生命不可或缺的基本要件。

睡眠質量的好壞，不但關係到身體、心理的健康，也深深影響我們的情緒。睡不好時，身心的許多功能都無法好好運作，情緒也容易失落；當睡眠良好時，我們才能精神飽滿地面對嶄新的每一天。

此外，睡眠的質與量同等重要，睡得多不代表睡得好，很多人每天睡 10 幾個鐘頭，卻怎麼都睡不飽，反而愈睡愈累，適量的睡眠和良好的睡眠品質，才是放鬆身心、好好休息的捷徑。本篇將告訴您，如何打造理想的睡眠空間，告別愈睡愈累的惡性循環！

5 元素，妝點理想臥房

　　「臥房」，顧名思義是睡覺的空間，但愈來愈多人替臥房加進各種元素，如書桌、書櫃、電視機、音響等，甚至在配置上加進休憩泡茶的空間。

　　鸚鵡螺室內裝修工程股份有限公司專案設計師陳韋志指出，把五星級飯店套房的設備搬進家中的主臥室，可能是很多人的夢想，但這樣的布置，卻隱藏影響睡眠品質的種種危機。

　　要釐清的是，飯店套房是提供出外者多元用途的整合空間，但在家中，各個空間都有其功能性，不必在臥房加入多餘的功能，例如：客廳已有廁所，臥房就不必再加設一間。讓功能盡量單純，回歸到「睡眠」本質。

　　以下提供臥房的 5 項基本元素，檢驗自己是否有及格的睡眠空間。

1
空間規劃
為牆壁換上暖色新裝

　　臥房最好格局方正，不宜有太多角度或太過狹長的空間，方正格局有助於良好的動線安排，在視覺及行動上都能創造舒適感。空間也不宜過大，「最好不要超過 6 坪」，過大的空間會使人產生不安全感，導致睡眠品質不佳。

　　另外，臥房至少要有一面窗戶，以確保空氣流通，清新的空

氣絕對是影響睡眠品質的首要因素。

如果沒有窗戶，陳韋志建議，可從燈光或色調改善室內的明亮度。燈光以「黃光」為主，加上少許白光；色調則以「淺色系」為主，例如房間本身是米色系，可換為更淺的百合白。

色系選擇上，暖色系的米色、象牙黃、赭紅，及大地色系的淺駝色、草綠色、淺棕色等，能安定神經，使人放鬆情緒、安穩入睡，是最適合臥房的顏色。陳韋志提醒，盡量不要選擇寒色系（如藍色、綠色）與彩度太高（如紅色、橘色）的顏色，也不要搭配過度對比的色彩，如黃色配藍色、紅色配綠色，因房間色彩太過明亮、飽和或跳躍，容易讓人感到亢奮或思緒飛揚。

至於地板材質，建議採用柔軟或自然的素材，地毯、木質地板是最佳選擇。最重要的是，常保持臥房整齊、清潔。

2 床位配置
兩面靠牆，營造被擁抱的安全感

「床」是臥房的靈魂，陳韋志說：「通常安排一間臥房的平面配置，我都是先確定床的擺設位置，因為其他傢俱的擺設，都圍繞著床進行。」

他指出，床的擺設最好能「兩面靠牆」，至少床頭要靠牆，另一面若有落地窗或其他傢俱，不能靠牆，最好也不要離牆太遠。採兩面靠牆的擺設方式，可使人睡覺時產生被擁抱的安全感，對睡眠品質有加分作用。

3 傢俱安排
選用自然材質、避免視覺壓迫

　　衣櫥、書桌、梳妝台、五斗櫃等，都是臥房中的儲物傢俱。陳韋志表示，盡量不要使用金屬或玻璃等材質，建議優先考慮木製品、籐製品等自然素材，因為在材質創造的氛圍上，前者使人感覺冰冷、銳利，不利睡眠品質；後者讓人感到自然、溫暖，創造出睡覺時應有的舒適感。

　　衣櫥外，其他傢俱也不宜過高，否則易造成視覺上的壓迫。梳妝台或書桌最好擺設在床頭同側處，切忌置於床尾，因為梳妝台或書桌上，通常放置較多的雜物或鏡子，不論是即將入睡或起床的那一剎那，對視覺都會產生壓迫感，不易放鬆入眠。

4 光源設計
黃光為主，窗簾加裝遮光布

　　臥房的燈光最好選擇溫暖的黃光，因白光較為刺眼、冰冷。陳韋志提及，不管在風水或實用上，「床的正上方忌放主燈」，會讓人感覺刺眼、不柔和，影響睡眠品質。

　　其次，臥房不像客廳需要主燈，光源的設計建議以「壁面或側面光源為主」，配置在床頭或床腳，燈光最好可以微調。此外，依照使用習慣加強局部光源，例如：床頭有閱讀用的床頭燈、梳妝台或書桌配置檯燈、在地面則以立燈做裝飾。

睡眠時，光線的打擾愈少愈好。臥房的窗簾加裝遮光布，更能有效阻隔外來光源，假日若想補眠或多睡一會，也不怕太陽無情的打擾，使自己能有優良的睡眠品質。

5 寢具選擇
符合人體工學，適當撐托脊椎

目前市面上許多床墊，如記憶膠、乳膠、獨立筒彈簧等，都強調符合人體工學，其實不管是哪種材質，重點在於對身體的支撐性，及如何將身體的重量平均分散。

購買床墊時，一定要放鬆心情試躺，一一感受頭、肩、腰、腿、手臂、臀等各部位的睡感，是否能支撐並分散各落點處的壓力，使肌肉與脊椎受到撐托與保護，避免睡醒後腰酸背痛、愈睡愈累。

陳韋志表示，選用適合自己體型和睡感的床墊和枕頭，絕對會帶來意想不到的良好睡眠效果。符合人體工學及軟硬適中的床墊及枕頭，能幫助人體透過睡眠，釋放壓力、放鬆肌肉，讓身體好好休息。

在寢具和睡衣的材質上，要選用天然、透氣、吸汗且柔軟的素材，例如棉、麻、絲等，畢竟一個人平均 1 天的睡眠時間達 7 ～ 8 個小時，寢具、睡衣舒適與否，絕對會影響睡眠品質優劣。

（採訪整理／洪廷芳）

5 妙招，睡眠品質不 NG ！

1. 臥房不擺放電視，尤其在床腳位置。
2. 床腳的擺設或傢俱不宜太過繁瑣花俏。
3. 床的正上方不置放主燈。
4. 臥房家電不宜過多。
5. 避免臥房骯髒混亂，需經常清潔、整理。

臥房配置 4 大要領

1. 隔局方正、動線流暢。
2. 床最好能兩面靠牆。
3. 梳妝台或書桌與床頭同側，盡量不要置於床尾。
4. 衣櫥、五斗櫃等較高的傢俱，避免放在壓迫視覺的地方。

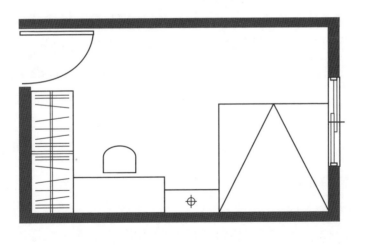

（採訪整理／洪廷芳）

午睡怎麼睡精神百倍？

很多上班族午後會趴在桌上小憩，補充體力，但有些人趴睡後，卻手腳發麻、眼睛不舒服，之前也有研究指出：老人午睡，死亡率較高，到底午覺怎麼睡才能提神又健康？

歷史上有許多名人偏愛午睡：愛因斯坦認為午睡幫助他提神醒腦；拿破崙因長期失眠，習慣睡午覺補充精力；愛迪生用午睡取代部分晚上睡眠時間，以利把一天分成兩半來用。反觀現代，雖然國民義務教育中，把午睡定為生活守則，然而，出社會後，午睡似乎愈來愈不能被接受，且難以維持。

為什麼想午睡？臺大醫院精神部主治醫師李宇宙表示，經半天活動後，體內會有一股力量驅使我們休息一下，有一種說法是：人類的生理時鐘不是以24小時為一循環，而是12小時為一循環，所以不分年紀大小，在午後自然都會有想睡的生理反應；另一說法則是：睡眠可調節腦部溫度，如歐洲、拉丁美洲等地方商家，為躲避午後酷熱，往往會在中午關門小憩片刻。

趴睡養大鮪魚肚？

「趴睡」是上班族最常用的午睡方式，然而，之前有些研究對趴睡存有疑慮，包括養大鮪魚肚、壓迫眼球，甚至提及老人午睡，死亡率較高等。

　　李宇宙醫師認為，一些研究進行時，可能有此症狀的人都剛好有午睡習慣，其因果關係很難界定，如：鮪魚肚與本身是否有代謝症候群較有關係；趴睡雖會使眼壓瞬間升高，但一下子就會恢復正常；而午睡對老人是否有害，目前提出的研究，都只是流行病學調查，這些老人本身是否有睡眠疾病，以致影響身心健康，都還有探究的空間。

　　林口長庚醫院睡眠中心主任陳濘宏也補充，老人家白天易打瞌睡，主要是晚上較淺眠、易受干擾而醒來，所以白天需補眠，這是正常的生理需求，不宜根據一項研究結果，就貿然作出午睡不利老人的論調。

午睡不宜超過半小時

　　「午睡沒有壞處，尤其對年紀愈小的孩子，愈需要多次的白天睡眠，」陳濘宏醫師指出，不過，午睡習慣因人而異，許多人午餐後是入睡潛伏期，易有倦意，這時，不妨讓自己休息一下，下午才不會持續昏沈。

　　健康的午睡，以「不超過半小時」最恰當，睡太久會進入睡眠週期的深睡期或快速動眼期，就是所謂的作夢期，不只不易立即清醒，也可能影響晚上的正常睡眠。

　　他進一步解釋，晚上不按正常時數睡眠，往往需要更多次、更長的時間補回來，而為了補充前晚不足的睡眠，午睡時間太長，晚上也可能失眠，導致惡性循環，所以，午覺應定時定量。

小技巧避免
手腳發麻、睡眼惺忪

　　午覺趴睡者，起身後常有手腳發麻的問題，臺北馬偕醫院復健科主任姜義彬解釋，這是因午睡時直接用手當枕頭，兩手長時間交疊，壓迫手腕橈神經所致，久了還可能造成手肘尺神經受傷。所幸，午睡時間通常不長，出現嚴重後遺症的機率不大，他建議以小枕頭為枕，睡起來也較舒服。

　　李宇宙醫師覺得，應把午睡當作一種藝術，與平躺相較，趴睡其實很不舒服，美國甚至有公司提供員工可拉躺下來的椅子，利於午睡，此舉的確能提升工作效率，且這種休養方式比飲用咖啡，更能達到長時間的振奮效果。

　　有些人短暫午睡後往往一臉睡相，他表示，這時人通常較慵懶，「要讓腦部有時間回神，不要立即做複雜或危險的工作，同時，最好洗洗臉、活動一下筋骨。」

　　若所處職場不容許午睡，如何克服下午的困倦？陳濘宏醫師建議，不妨做些輕微的暖身操，或出去走動、晒晒太陽，利用光線刺激人清醒，也可適度喝咖啡、茶等提神飲品，但為避免影響晚上睡眠，下午4點後盡量不要飲用。另外，坐在椅子上閉目養神，同樣能達到不錯的放鬆效果。

（採訪整理／張雅雯）

3 分鐘，檢視你的失眠指數

想知道自己到底有沒有失眠問題？ 3 分鐘，根據你過去 4 星期的睡眠狀況勾選最適當的敘述：

以下各題得分：從未 0 分、很少 1 分、偶爾 2 分、經常 3 分、總是 4 分，加總後就能得知失眠情況嚴重與否。

	從未	很少	偶爾	經常	總是
1. 我有入睡困難的情形	0	1	2	3	4
2. 我需要超過 1 個小時以上才能睡著	0	1	2	3	4
3. 我夜間會醒來 3 次以上	0	1	2	3	4
4. 我夜間醒來，常要花很長的時間才能再度入睡	0	1	2	3	4
5. 我早上會太早醒來	0	1	2	3	4
6. 我擔心不能睡好	0	1	2	3	4
7. 我會喝酒幫助入睡	0	1	2	3	4
8. 我躺床時，腿部會有不安寧或抽動的感覺	0	1	2	3	4
9. 我早上會起不來	0	1	2	3	4
10. 我醒來時仍然感覺疲倦	0	1	2	3	4
11. 我的睡眠無法讓我感到精神飽滿甦活	0	1	2	3	4
12. 雖然我躺床的時間夠長，卻未得到足夠需要的睡眠	0	1	2	3	4
13. 我的睡眠讓我在白天覺得疲乏	0	1	2	3	4

0～6分》 恭喜你！你完全沒有失眠的情況！

7～26分》 喔！最近是不是覺得睡得不太好，可能有一點失眠的症狀！快找出失眠的原因，想辦法改善！

27～52分》 你飽受失眠之苦很久了吧，建議趕快找尋專業協助！

（採訪整理／劉榮凱、劉紫彤）

PART10
經痛。

女性，每個月總有幾天，

會因生理期而感到腹部悶痛、倦怠、情緒不穩、腰痛等，

別以為只是體質虛涼，或吃太多冰品而置之不理。

到底該如何寶貝自己的身體，

快樂度過每月一次的生理期？

「大姨媽」來，如何伺候？

女性每個月總有那麼幾天，因生理期而感到腹部悶痛、倦怠、情緒不穩、腰痛等，甚至經痛到幾乎不能工作，只能躺在床上休息……到底該如何寶貝自己的身體，快樂度過每月一次的生理期？

生理期的不適與疼痛，是許多女性的夢魘，而關於緩解生理期不適的傳說也相當多，但這些口耳相傳的祕方究竟有無醫療效果？以下將分從中西醫觀點，深入探討處理經期不適的正確觀念，也把專家提供的小撇步報給妳知。

 同一工作場所的女生經期會互相傳染？

■西醫怎麼說？

臺北長庚醫院婦產科主治醫師謝佳琳表示，在同職場工作或住一起的女性，經期確實可能互相影響。因體內費洛蒙會經由空氣、嗅覺互相作用影響下視丘，而下視丘又調控荷爾蒙等內分泌系統，所以一起生活的女性，常會感覺經期撞在一起。

■中醫怎麼說？

臺北市立聯合醫院中醫院區中醫婦科主任廖麗蘭則認為，經期和情緒、壓力等個別因素關係較密切，如果月經一起來，有時只是湊巧罷了。

Q2 月經來時不能洗頭？

　　中西醫一致認為，經期不宜用冷水洗頭，如果用熱水洗，立刻吹乾則無妨。

■西醫怎麼說？

　　謝佳琳醫師說明，用冷水洗頭時，頭皮會變冷，血液跑到頭部，使子宮的血液循環不良，過度收縮造成疼痛，所以經期時，以熱水洗頭、洗澡最恰當。

■中醫怎麼說？

　　廖麗蘭醫師說，經期用冷水洗頭、洗澡，不利於子宮收縮，易形成血塊；子宮寒冷的人，經血排出較不順；何況經期時身體抵抗力差，用冷水洗頭、洗澡，也易感冒。

Q3 月經來時不能吃冰？

　　中西醫皆主張經期不能吃冰，中醫還建議，冷性食物也應忌口。

■西醫怎麼說？

　　謝佳琳醫師指出，經期不要吃冰，這和不要用冷水洗頭的道理一樣，吃冰的話，血液會跑到腸胃，影響子宮附近的血液循環，嚴重還會導致經痛，喝一般常溫的冷水則無妨。

■中醫怎麼說？

　　廖麗蘭醫師表示，如果本身體質不錯，還能喝涼一點的水；

若是寒性體質，喝涼水將不利於水分排出，影響血液循環。她強調，經期對冰一定要忌口，因為冰會讓血液循環不好，經血排出不順；甚至要避免寒性食物，像瓜類、火龍果、梨子、奇異果、椰子、青草茶等，最好暫時都忌口。即使非經期吃冰品，照樣不利於經血排出，她提醒，子宮虛寒的女性，最好遠離冰品，尤其在經期時。

Q4 經期吃甜食不會變胖？

甜食能補充能量，使經期中的女性比較沒那麼虛弱，但中西醫皆不贊成吃太多甜食。

■西醫怎麼說？

謝佳琳醫師提及，經前因體內黃體素的關係，會讓人情緒緊張、脾氣暴躁，吃點甜食能舒緩情緒；而經期前幾天通常會有水腫現象，人看起來比較胖，之後水腫消了，看起來比較瘦，就有人以為月經來時吃甜食不會變胖，事實上，甜食吃多也會囤積脂肪，仍要節制。

■中醫怎麼說？

廖麗蘭醫師透露，經前因荷爾蒙的關係，食慾會增加，適量吃點甜食能補充能量，吃多還是會變胖。此外，甜食會使水腫更嚴重外，小孩吃甜食會降低對正餐的食慾，女人吃了白帶會變多，都會妨害脾胃等消化機能，她提醒，2、3 天吃一塊三角形大小的蛋糕即可，若天天吃、每餐吃，就過量了。

喝四物湯、中將湯可治經痛？

■中醫怎麼說？

　　廖麗蘭醫師提醒，不是所有人都能喝四物湯、中將湯，如果喝了四物湯、中將湯後，肚子不會脹脹的、排便不會黏黏的、嘴巴沒有破洞，表示腸胃吸收功能好，可喝四物、中將湯補血。若腸胃功能不佳，建議先用理中湯（含黨參、乾薑、白竺、苻苓）調理腸胃，再改為 2 份理中湯、1 份四物湯，以 2：1 的方式調理，達到氣血雙補的效果。

　　不過，理中湯是一劑藥方，劑量需由醫師根據個案來開立，居家調理的話，可多喝薑湯，或在飲食中加芡實、蓮子、山藥等食材，達到健脾整胃的成效。

Q6 性交可治經痛？

■西醫怎麼說？

　　不會。謝佳琳醫師坦言，不論是子宮肌瘤，還是骨盆腔感染而引發的經痛，在性交後，反而會因子宮收縮，使經痛更劇烈。

Q7 生產後，經痛不見了？

■西醫怎麼說？

　　若是子宮內膜異位者，謝佳琳醫師說，產後適當調理，提升

免疫力，免疫細胞會消除異位的內膜，改善經痛現象。

■中醫怎麼說？

　　如果是子宮機能引起的經痛，在生產過後，月子坐得好，確實能改善經痛。廖麗蘭醫師表示，生產後是否能改善經痛，取決於體質的改變，如果生產後，子宮內膜和胎盤排出，坐月子期間適當調理體質，子宮血液循環變好，經痛困擾就能獲得改善。

　　或是產後喝生化湯，把惡露清除乾淨，又吃補腎的藥，如杜仲，促進子宮循環，就能緩解經痛。不過，引起經痛的原因有子宮機能不佳，或是器官本身有問題（如子宮肌腺瘤）兩大類，若是後者引起的經痛，就要求助醫生，坐月子並無法解決。

　　不過，廖麗蘭醫師指出，如果懷孕或坐月子時，1. 感冒吃抗生素；2. 洗冷水澡；3. 吃太多生冷的食物；4. 餵母乳耗損氣血等因素，則原本不會經痛的人，產後反而可能會有經痛問題。

Q8 長期吃止痛藥治經痛，會依賴藥物？

■西醫怎麼說？

　　謝佳琳醫師建議，止痛藥本身就是藥物，吃進身體會造成肝腎代謝機能的負擔，宜審慎服用，避免過度依賴。

■中醫怎麼說？

　　廖麗蘭醫師覺得，長期吃止痛藥，不論心理、生理都會產生依賴感，且長期吃止痛藥會傷肝、傷腎，經痛問題應求助專家，找出病灶、對症下藥才是正確方法，不宜長期依賴止痛藥。

Q9　月經來時不能運動？

■西醫怎麼說？

謝佳琳醫師提醒，激烈運動會讓子宮過度收縮，反而不舒服，像拳擊之類的運動，就不適合；一些簡易的伸展操可活化生殖系統，平時和經期都可做。

■中醫怎麼說？

月經期間仍可運動，但廖麗蘭醫師提醒，宜避免 1. 過度劇烈的運動；2. 不宜倒立，倒立會不利經血排出；3. 避免游泳，易受感染。

Q10　經痛時，冰敷能止痛？

■西醫怎麼說？

經痛不宜冰敷。謝佳琳醫師說，冰敷適合用在皮膚局部消腫，熱敷才能讓血液循環變好，所以，經痛時還是熱敷比較好。

■中醫怎麼說？

廖麗蘭醫師指出，除非是熱痛或發炎才能冰敷，冰敷易讓經血停在子宮腔，產生肌瘤和內膜異位機率高，大部分女性偏向虛寒體質，不宜用冰敷處理經痛。

感謝臺北市立聯合醫院中醫院區中醫婦科主任廖麗蘭審稿

（採訪整理／林淑蓉）

不靠止痛藥，DIY 防經痛湯

■溫經止痛湯
處方：乾薑、黨參、薏母草各 3 錢；當歸、川芎各 2 錢。
適用對象：子宮冷、體質虛、有頭暈現象的女性。
服用方法：放入藥材、2 碗水，用大火煮開後轉小火，煮約 15 分鐘，剩 1 碗水即可。剩下的藥渣可留到晚上，再依法煎煮服用。

■抒肝解鬱湯
處方：香附、丹參各 2 錢、紅花（川紅花、藏紅花皆可）1 錢。
適用對象：肝氣鬱結、情緒煩躁低落、肚子悶脹、有經前症候群者。
服用方法：用一碗半的水煮約 10 分鐘，剩一碗水即可。剩下的藥渣可留到晚上，再依法煎煮服用。

■化瘀止痛湯
處方：山楂、當歸、川芎各 3 錢。
適用對象：肚子容易刺痛、經血排出不順、血塊多、血色暗紅的瘀血型。
服用方法：放入藥材、2 碗水，用大火煮開後轉小火，煮約 15 分鐘，剩 1 碗水即可。剩下的藥渣可留到晚上，再依法煎煮服用。

資料提供／臺北市立聯合醫院中醫院區內科主治醫師廖麗蘭

經痛來時，止痛 CPR

　　當經痛開始時，可透過簡易的方法暫時止痛，例如：以拇指按壓肚臍下二橫指的部位 10 ～ 20 分鐘。若嚴重疼痛，應即時就醫，才能對症下藥。臺北長庚醫院婦產科主治醫師謝佳琳建議，平常可做一些瑜伽運動，活化生殖系統，幫助解除異位內膜的沾黏，經期時經血排出順利，也較不會疼痛。且瑜伽動作溫和，即使在經期也能持續做。

（採訪整理／林淑蓉）

經痛要人命！當心子宮內膜異位症

　　每次月經來訪總是劇痛不已？別以為只是體質虛涼，或吃太多冰品而置之不理。小心是子宮內膜異位症的前兆，嚴重者甚至可能造成不孕！

　　瑜真每個月月經來時都會痛徹心腑，平時和先生行房也有腹痛的情形，就診後發現原來罹患子宮內膜異位症，而這可能就是她不孕的主因。

25 歲以上女性經痛
九成皆有子宮內膜異位症

　　在臺灣，和瑜真一樣有子宮內膜異位症的人很多，只是嚴重程度有別。由於現代社會普遍晚婚、生育次數也較少，使得此症愈來愈常見。據統計，臺灣每年約有 400 萬女性是生育人口，其中約有一成即 40 萬人有子宮內膜異位症的問題。

　　高醫大附設中和紀念醫院國際醫療中心主任及婦產部主治醫師鄭丞傑表示，20 歲以下的女性，90％的經痛是原發性痛經；而20 歲以上約有八成，25 歲以上約有九成的經痛，都是因子宮內膜異位症或子宮肌腺症所致。

　　為何會經痛？鄭丞傑解釋，經血逆流（經血不能順暢地排出）是子宮內膜異位症的病因機轉，而這會造成經痛。婦女如果

是在 20、30 歲以後才會經痛，大都是罹患子宮內膜異位症。所幸，此症可以治療。未來只要懷孕，即使過去有子宮內膜異位症，異位的內膜也會逐漸萎縮而改善。

經期便血、流鼻血
原來是子宮內膜跑錯位置

子宮內膜本來應該乖乖的在子宮裡面發展，一旦跑到其他部位，異位的子宮內膜仍會按時排血，就會產生困擾。鄭丞傑舉例，假如子宮內膜跑到肺部，病人經期時會有咳血的情形；子宮內膜跑到肛門，病人經期時就會便血；甚至有病人的子宮內膜跑到鼻腔，月經來時會有流鼻血的現象。

子宮內膜異位症目前還找不出正確原因，醫學界也很苦惱，認為環境污染、壓力、個人因素等都有可能導致。不過，經血逆流造成子宮內膜異位症，卻是很確定的病因機轉。

異位的內膜侵占卵子空間
造成不孕

子宮內膜如果跑到子宮直腸凹陷的地方或卵巢，將導致不孕。鄭丞傑解釋，輸卵管必須在子宮與直腸之間的凹槽抓卵子，這個地方如果發展出子宮內膜，造成粘連，侵犯卵子的空間，病人較難受孕。很多病人有過敏體質，本來卵子附著在子宮內的能

力就比較低，又加上子宮直腸凹陷處被異位的子宮內膜侵占，就更難懷孕。

　　若子宮內膜著床在卵巢，則會造成卵巢中積存太多的經血而出現巧克力囊腫，這類病人通常也難懷孕。

有過敏體質、追求完美的女性
是高危險群

　　是否有子宮內膜異位症，可從以下生活症狀來初步判定：

1. **明顯的經痛**：常會痛 2、3 天以上，甚至痛了 1 星期。

2. **年紀愈大經痛得愈厲害**：經痛症狀隨著歲月愈來愈痛。

3. **月經沒來還是痛**：像是內型的子宮內膜異位症，也就是子宮肌腺症，甚至 1 個月內可以痛上 15 天。

4. **性行為時特別疼痛**：這是因為性行為中，男性衝撞陰道頂端，此為子宮直腸凹陷處，正是子宮內膜易掉入的地方。

5. **不孕。**

　　臨床上發現，工作成就愈高、教育水準愈高的女性，似乎有子宮內膜異位症的比例愈多，懷疑是壓力大導致免疫力較差，而容易罹患。醫學界也發現，罹患子宮內膜異位症，通常是下面幾種女性：

1. 有過敏體質的女性。

2. 個性追求完美的女性。

3. 免疫力較差的女性。

子宮內膜異位症除了造成嚴重經痛、不孕，也可能引起其他器官的病變，當內膜組織跑到腸子上，患者易拉肚子，嚴重時甚至可能造成腹膜炎；若著床在膀胱，就有可能引發膀胱炎，出現血尿症狀。

5 檢查
讓子宮內膜異位症無所遁形

子宮內膜異位症可從下列方式診斷是否罹患，醫師除了會依病情程度決定是否使用侵犯性的腹腔鏡外，其他幾種幾乎都會用到：

1. **詢問過去病史**：如病人經痛時間長短、性質等。
2. **觸診**：以內診方式檢查已有性行為的女性，用肛診來觸診未有性行為的女性。鄭丞傑說，若內診時在子宮直腸凹陷處摸到一粒粒的東西，即是子宮內膜異位。
3. **抽血**：檢查血液中 CA125 指數的高度。抽血必須在月經過後進行，因月經期間，這指數較高，會影響評估。
4. **超音波檢查**：可看到骨盆腔是否有巧克力囊腫，但此檢查有盲點，看不到子宮內膜異位。
5. **腹腔鏡檢查**：為侵犯性檢查，如果是子宮內膜異位，還可以一邊檢查、一邊治療，比如說拿掉巧克力囊腫，或是病人經痛太厲害，在照腹腔鏡時，順便做薦前神經阻斷術，減緩病人經痛。

以上 5 種檢查，鄭丞傑說明，除了抽血要避開經期，其他隨時都可以做，也都有互補性，可幫助醫師診斷。

2 大療法 + 懷孕
預防復發最佳方法

子宮內膜異位症可以藉由治療，解除經痛、提高生育能力，目前療法分兩大類：

1. **吃藥或打針治療**：如果病症不嚴重，屬於第 1 級病情，可用藥物治療。很多病人除了手術治療外，也會輔以藥物治療。

2. **腹腔鏡手術治療**：病情第 2 ～ 4 級需要手術，開刀時間約 30 分鐘到 2 小時，視個人情況而定。透過此手術可燒掉異位的子宮內膜，摘除卵巢內的巧克力囊腫。

治療後要如何避免子宮內膜異位症復發？鄭丞傑常要這類病人「手術後，盡快懷孕並餵母奶。」以生 2 胎來說，第 1 年懷孕、第 2 年餵奶、第 3 年懷第 2 胎、第 4 年餵奶，就算有子宮內膜異位，經過 4 年，異位的肉膜也會萎縮。聽起來很像玩笑，卻是真的有用。

注意生活細節
遠離子宮內膜異位症威脅

過去農業時代，鮮少聽聞婦女有子宮內膜異位症，很大的原

因是當時婦女生的孩子多，也會餵母奶；現在婦女生育時間晚，工作壓力大，導致這類病人愈來愈多。所幸，有此困擾者可透過治療改善，而且可以預防。如果屬於較易罹患的族群，生活中注意以下細節，也能遠離子宮內膜異位症威脅。

1. **經期應避免性行為**：若經期有性行為，應盡量避免過於激烈，不要讓經血衝撞到子宮直腸凹陷處。

2. **經期少用衛生棉條**：如果已有子宮內膜異位症，盡量不要使用衛生棉條，使用衛生棉，也要每 2 小時更換一次。

3. **在醫師指示下口服避孕藥**：子宮內膜異位症的病人經血多、易貧血，很多醫學報告發現，避孕藥對於子宮及卵巢有保護作用，避孕藥可以減輕月經前、中的神經緊張、出血量和缺鐵性貧血，只要減少經血，就能降低經血逆流的比例，間接減低罹患子宮內膜異位症的機會。

4. **多吃維他命 B 群、少糖、多蛋白質**：可增加免疫力。

5. **避開污染源**：像是戴奧辛、多氯聯本等污染源。醫界懷疑罹患子宮內膜異位症和環境污染很有關係。

感謝高醫大附設中和紀念醫院國際醫療中心主任及婦產部主治醫師鄭丞傑審閱

（採訪整理／吳宜亭）

上班族久坐辦公桌
易導致子宮內膜異位？

　　子宮內膜異位症易發生在知識分子、追求完美的女性身上，網路上相傳，這是因為 OL 久坐加上缺乏正常運動，導致氣血循環障礙而引起子宮內膜組織增生，形成子宮內膜異位症。對此，高醫大附設中和紀念醫院國際醫療中心主任及婦產部主治醫師鄭丞傑表示，醫學界看法並非如此，理由主要是 OL 大都晚婚晚育，月經來的次數較多，相較於古時候孩子生得多的女性，自然經血逆流的機會多，所以較易罹患。

子宮內膜異位症的分級

　　高醫大附設中和紀念醫院國際醫療中心主任及婦產部主治醫師鄭丞傑表示，子宮內膜異位症分為「外型」和「內型」。外型的子宮內膜異位症就是子宮內膜跑到腹腔、非子宮等部位。內型的子宮內膜異位症也叫做「子宮肌腺症」，是指子宮內膜異位到了肌肉層內。如果按病情嚴重度，可分成 4 級。

第 1 級▶
症狀輕微，異位的子宮內膜只在腹腔表面、淺層。
第 2 級▶
異位的子宮內膜在腹腔、骨盆腔表面、淺層、深層。
第 3 級▶
異位的子宮內膜在腹腔、骨盆腔的深層，可以說已附著在裡面。
第 4 級▶
已出現在腹腔、骨盆腔、卵巢等深層，有嚴重沾黏，像是形成巧克力囊腫就是第 4 級。

（採訪整理／吳宜亭）

「好朋友」來，吃什麼不痛？

喝熱巧克力可緩解生理痛？怕經痛，月經期間要少吃蘿蔔糕？面對每個月造訪一次的「好朋友」，該怎麼吃，才能讓它輕輕地來，順順地走？

月經是女人最忠實的「好朋友」，象徵著孕育下一代的能力，也是女人的健康指標，需要細心呵護。然而，生理期帶來的不適，是否曾讓妳困擾不已？到底該怎麼做，「好朋友」才不會跟妳鬧脾氣？

Q1 喝熱巧克力可舒緩經痛？

正解》溫熱食物有助於減緩疼痛，但甜食不宜過量攝取。

高醫大附設中和紀念醫院國際醫療中心主任及婦產部主治醫師鄭丞傑說，如果是原發性經痛，喝熱巧克力、熱敷腹部多少有一定的效果，因為溫熱的食物可以讓血管舒張，有助於減緩經痛。臺安醫院營養師劉怡里則表示，靠巧克力之類的甜食來止經痛，主要是心理影響生理，藉由吃巧克力來獲得暫時的快樂，藉以忘記疼痛。然而，她也提醒，吃巧克力等甜食雖然可以轉移注意力，忘卻疼痛，但吃太多會導致血糖不穩定，因此，攝取要適量。

Q2 吃黑糖或喝黑糖水有助緩解經痛？

正解》對！

中醫觀點認為，黑糖屬溫補食物，具有緩和腸胃不適、活血散瘀、溫經散寒、緩和疼痛的功效，因此有助於緩解經痛。鄭丞傑醫師也表示，溫熱的食物可以讓血管舒張，所以適量喝點溫熱的黑糖水，有減輕經痛的效果。

劉怡里營養師則認為，女性經痛時，身體耗費大量能量來對付痛楚，而黑糖屬於易吸收的精緻糖，有補充能量的功效。此外，黑糖富含鈣質，可讓肌肉收縮、神經穩定，因此有助於舒緩疼痛。然而，黑糖因為好吸收，攝取時要注意份量，以一個成年女性一天攝取 1500 卡為例，一天最好不要吃超過兩湯匙半，約 37.5 公克的黑糖。

Q3 怕經痛，生理期不能吃蘿蔔糕？

正解》若加熱可減弱寒性，但少量為佳。

一般來說，中醫建議經期來時，不要攝取涼性食物，例如柳丁、梨子、蘿蔔等，但食物經過加熱，寒性就會減弱，因此，少量的蘿蔔湯、蘿蔔糕仍在可接受的範圍。此外，劉怡里營養師提醒，吃蘿蔔糕要特別注意油脂攝取，因為蘿蔔糕是高油脂食物，吃多反而會引起經前症候群及經期各種不舒服。

Q4 吃香蕉、牛奶、堅果，能避免經痛？

正解》對！

劉怡里營養師表示，月經來之前，可以多攝取一些含有「色胺酸」的食物，像是香蕉、牛奶、堅果等，這些食物可讓人感到安定放鬆，保持心情愉悅。要注意的是，芭蕉雖然也富含色胺酸，但熱量卻是同重量香蕉的兩倍，因此食用上要特別注意，避免攝入過多熱量。另外，平常吃東西不要暴飲暴食，以免造成血糖質不穩定，易引發經期不適症狀。

Q5 經痛前服用止痛藥，止痛效果最好？

正解》對！但止痛藥傷胃，宜適當攝取。

目前大部分婦產科開的止痛藥是 NSAID，屬於非類固醇的抗發炎藥物，用於對抗引起子宮收縮的前列腺素，因此對於止經痛非常有效，但鄭丞傑醫師提醒這類藥易傷胃，少數人會引發過敏，因此，要視個人體質來決定使用與否。此外，止痛藥是藉由控制荷爾蒙所造成的子宮收縮來緩解疼痛，所以在生理痛尚未出現前服用效果最好，需要的量也會較經痛發生時才吃要少。

感謝高醫大附設中和紀念醫院國際醫療中心主任及婦產部主治醫師鄭丞傑審閱

（採訪整理／吳宜宣）

生理期怎麼吃都不會胖？

　　高醫大附設中和紀念醫院國際醫療中心主任及婦產部主治醫師鄭丞傑和臺安醫院營養師劉怡里皆表示，這些都是以訛傳訛，食物吃下去就會有熱量，絕對不可能月經來時吃東西不會胖。只因經前水腫，會使體重增加 1～2 公斤，水腫消退後，體重也跟著減輕，才會有生理期時怎麼吃都不會胖的假象。事實上，生理期間瘦體素分泌較少，吃多更容易發胖，反而是生理期過後，代謝力會提高。

營養師讓月事服服貼貼的法寶

　　本身有經前症候群的臺安醫院營養師劉怡里表示，月經前與月經來時，會特別注意保養。譬如：月經前一週，會多喝富含色胺酸的豆漿；月經來時，則會吃巧克力讓自己心情好，忘卻經痛，但是一天只吃約 60 克的巧克力，而且選擇可可濃度為 70%，比較不甜的巧克力。由於經期身體大量失血，也會攝取富含鐵質的食物，例如豬肝湯。

　　劉怡里營養師解釋，動物性鐵質較植物性鐵質易吸收，因為植物性鐵質需要在人體內經過一次機轉，才能被吸收，但是動物性鐵質「血基質鐵」高，人體容易吸收。對於茹素者，她建議可多吃葡萄、葡萄乾、黑糖、黑芝麻等，這些食物都含有豐富的鐵質。

（採訪整理／吳宜宣）

編輯後記

不舒服，別輕忽

文／葉雅馨（大家健康雜誌總編輯）

「不舒服」、「不太舒服」、「很不舒服」是現代上班族普遍隱忍著的身心感覺。除非到「非常不舒服」？才偶爾採取行動，否則總在很忙、沒空、業績要求與工作表現的衡量下被壓抑及忽略。實際上，除了傳染性，許多身體疾病是長期積累造成的。

就像許多上班族一整天大都離不開辦公室大樓。在辦公室裡久待，一忙起來，坐在座位上鮮少活動，眼睛直盯著電腦螢幕，加上辦公室多半在密閉的冷氣房內，不少人出現頭痛、打噴嚏、頸肩痠痛的症狀，長期承受過大的工作壓力，久而久之，身體的小毛病就伴隨出現。

《解救身體的小毛病》這本書，就是針對上班族容易造成請病假的小毛病，或者困擾的身體問題，包括頭痛、感冒、眼睛痠痛、牙痛、胃痛、肚子痛、腰痠背痛、過敏、失眠等，分篇章各別討論，從這些小毛病造成的原因，到解決、預防方法，由專業的醫師理出正確的常識，供上班族參考。

以第一篇「頭痛」為例，我們從造成偏頭痛的誘因介紹起，告訴你職場使用電腦或 3C 產品該留意錯誤的姿勢，如何舒緩偏頭痛的方法及如何預防。另外，關於上班族對頭痛最想問的問

題，包括偏頭痛纏身時，該吞止痛藥嗎？喝咖啡有沒有幫助？哪些食物可幫忙趕走偏頭痛？本書都提供詳盡的答案。

在最後一篇，我們特別呵護女性上班族，建議如何和惱人的「大姨媽」（經痛困擾）和平相處，寶貝自己的身體。

許多上班族身體微恙，通常不太會選擇去看醫生，也沒有好的保健知識來處理小毛病的問題，不是默默忍痛，就是隨意吞成藥，時間一久，問題非但沒有解決，反而可能越來越嚴重。在書中，我們列出令你「不舒服」的小毛病，可能也是身體重大疾病的前兆，因此千萬不要輕忽。

文末，要特別感謝臺大醫院家醫部社區照護科主任李龍騰醫師及臺北醫學大學附設醫院家醫科主任蘇千田醫師為本書審定撰序推薦。中華民國物理治療學會理事長簡文仁、林口長庚醫院胸腔內科系主任陳濘宏、臺北市立聯合醫院中醫院區中醫外科專任主治醫師楊素卿的肯定及列名推薦。

同時很榮幸邀請美吾華懷特生技集團李成家董事長、工信工程股份有限公司陳煌銘董事長，這些知名的企業領導人，為本書撰序推薦給職場的上班族們。

正視令你「不舒服」的小毛病，其實就是積極的保健之道。

解救身體小毛病：上班族必備的健康小百科

總　　編　　輯／葉雅馨
主　　　　　編／楊育浩
執　行　編　輯／蔡睿縈、林潔女
文　字　採　訪／張慧心、梁雲芳、吳佩琪
潤　稿　校　對／蔡睿縈、林潔女、楊育浩
封　面　設　計／比比司設計工作室
內　頁　排　版／廖婉甄

出　版　發　行／財團法人董氏基金會《大家健康》雜誌
發行人暨董事長／謝孟雄
執　　行　　長／姚思遠

地　　　　　址／台北市復興北路57號12樓之3
服　務　電　話／02-27766133#252
傳　真　電　話／02-27522455、27513606
大家健康雜誌網址／www.jtf.org.tw/health
大家健康雜誌部落格／jtfhealth.pixnet.net/blog
大家健康雜誌粉絲團／www.facebook.com/happyhealth

郵　政　劃　撥／07777755
戶　　　　　名／財團法人董氏基金會

總　　經　　銷／吳氏圖書股份有限公司
電　　　　　話／02-32340036
傳　　　　　真／02-32340037

法律顧問／眾勤國際法律事務所
印刷製版／沈氏藝術印刷
版權所有・翻印必究

出版日期／2013年7月初版
定價／新台幣320元
本書如有缺頁、裝訂錯誤、破損請寄回更換
歡迎團體訂購，另有專案優惠
請洽02-27766133#252